ALBRECHT DÜRR · Dachbegrünung

Einschaliges Warmdach = nicht belüftet

Zweischaliges Kaltdach = belüftetes Dach

ALBRECHT DÜRR

Dachbegrünung

EIN ÖKOLOGISCHER AUSGLEICH[0]

UMWELTWIRKUNGEN

RECHT

FÖRDERUNG

BAUVERLAG GMBH · WIESBADEN UND BERLIN

Die Deutsche Bibliothek – CIP-Einheitsaufnahme

Dürr, Albrecht:
Dachbegrünung : ein ökologischer Ausgleich ;
Umweltwirkungen, Recht, Förderung / Albrecht Dürr. – Korr. Nachdr. der 1. Aufl. –
Wiesbaden ; Berlin : Bauverl., 1995
ISBN 3-7625-3238-9

1995 korr. Nachdruck der 1. Auflage

Druck: Druckhaus Darmstadt, 64295 Darmstadt

ISBN: 3-7625-3238-9.

Inhalt

1 Einleitung

Dachbegrünungen gibt es seit rund drei Jahrtausenden[1]; welche Zukunft sie haben – dazu soll die folgende Ausarbeitung einen Diskussionsbeitrag leisten.

In verschiedenen Regionen sind Grasdächer die traditionelle Dachform, anderswo haben Architekten Gründächer als besondere Gestaltungsmittel eingesetzt – von Frank Lloyd Wright bis Le Corbusier sind uns berühmte Beispiele erhalten. [2]

Verborgene Potentiale

Seit den siebziger Jahren ist Dachbegrünung zum Thema geworden, weil die freien Flächen in den Städten absehbar knapp wurden, der Wunsch nach mehr Grün im Zuge wachsenden Umweltbewußtseins aber zugleich stark wuchs. Um den Flächenverbrauch von zur Zeit ca. 20 m²/s in der BRD zu kompensieren, richtete sich der Blick auf ein bislang fast unerschlossenes Potential: ca. *700 bis 800 Mio. m² Flachdachfläche.* Von diesem Potential sind zur Zeit über 90% ungenutzt.[3]

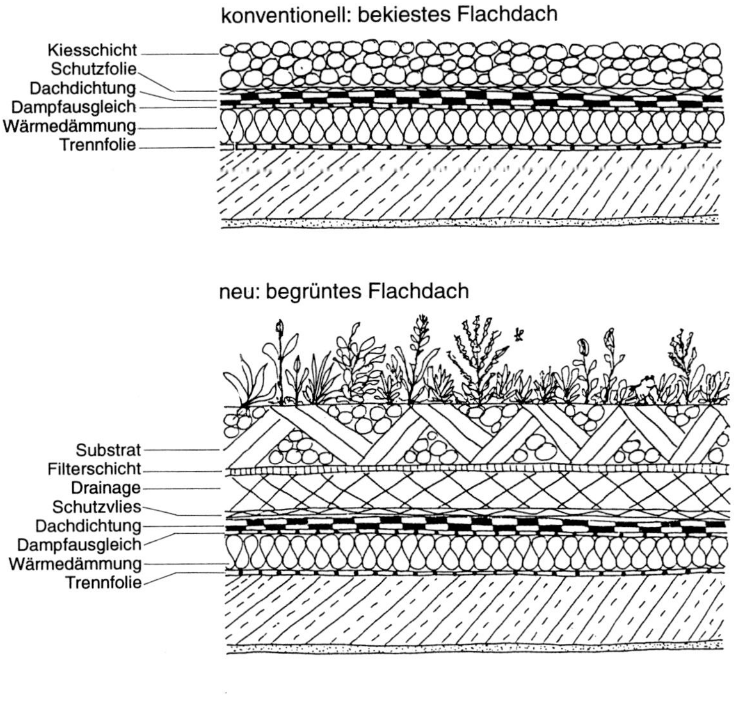

Abb. 1: Die Schichten im Aufbau bekiester bzw. begrünter Flachdächer

Um diese Größe anschaulich werden zu lassen, stelle man sich vor, in Hamburg zu sein und unter einem einzigen, riesigen Dach zu stehen, das an allen Seiten bis an die Grenzen der benachbarten Bundesländer reicht. Hinzu kommen viele Millionen Quadratmeter flach geneigter Dächer, die im Zuge notwendiger Erneuerungen ebenfalls begrünbar wären.

Prinzipieller Aufbau

Zur Begrünung wird auf die Beton- oder Holzbalkendecke eine Dampfausgleichsschicht und die wurzelfeste Dachabdichtung aufgebracht, darüber ein Schutzvlies, eine Drainageschicht, eine Filterschicht und das Substrat, in dem die Vegetation wurzelt (einzelne Hersteller arbeiten mit mehr oder mit zusammengefaßten Schichten und ergänzen ggf. eine Dämmschicht).

Welche Wirkung die Begrünung eines Bruchteiles dieser Flächen bzw. neu gebauter Dächer hätte, soll in den folgenden Kapiteln beleuchtet werden. Dabei stellt die Auswahl der hier erwähnten Firmen und Pro-

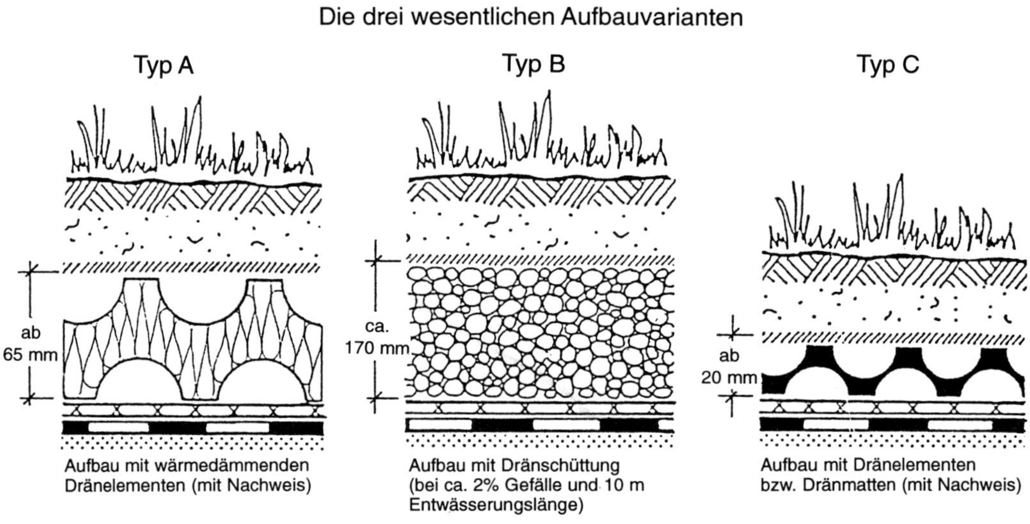

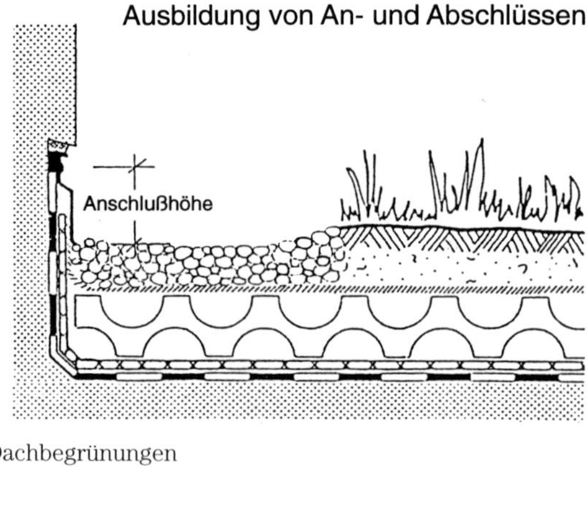

Abb. 2: Aufbauvarianten von Dachbegrünungen

dukte keine Wertung dar, sondern hat lediglich Beispielcharakter. Zuvor seien zur Klärung der Begriffe die zur Zeit gängigen Bezeichnungen aufgeführt und gegeneinander abgegrenzt (Einheiten u. Abkürzungen sind im Anhang erläutert).

1.1 Begrünungsarten

Die Begriffe „Grasdach“, „Gründach“, „Dachgarten“ und „Naturdach“ werden oft synonym verwendet und miteinander verwechselt. Gründach sei hier als Oberbegriff verstanden, der für ein Dach mit bepflanzter Dachhaut steht. Entsprechend der folgenden Tabelle ist der Dachgarten als aufwendige Intensivbegrünung, das Grasdach dagegen als einfache Intensivbegrünung definiert. Der Begriff „Naturdach“ ist nicht angebracht, da es sich dabei z. B. auch um ein Holzschindeldach handeln könnte.

Unterscheidungskriterien

Bei Gründächern werden intensive und extensive Begrünungsformen unterschieden.

Tab. I: Charakteristika der verschiedenen Begrünungsarten[4]

	Intensive Dachbegrünung		Extensive Dachbegrünung
	Aufwendige Intensiv-begrünungen	Einfache Intensiv-begrünungen	
Bepflanzung	Rasen Stauden Gehölze Bäume	Gräser Stauden Gehölze	Moos-Sedum-Begrünung Sedum-Gras-Kraut-Begrünung u. a.
Ausbildung	flächig, höhendifferenziert und punktuell	bodendeckend, weniger aufwendig	flächig, Differenzierung vorrangig in Farben (statt in Höhen)
Schichtaufbau	vielschichtig, aufwendig, über 30 cm Substratstärke	einfacher, über 15 cm Substratstärke	ab 4 Schichten, 3 bis 15 cm Gesamtstärke
Pflege	regelmäßiges Wässern, Düngen, Schneiden etc.	Wässern, Düngen und Mähen nur in Ausnahmefällen	einmal pro Jahr Kontrollgang
Kosten (s. Kapitel 5)	hoch	mittel	gering
Nutzbarkeit	Möblierung, Begehen, z. T. Befahren	Begehen	nur für Kontrollgang begehbar

Systeme

Bei der Extensivbegrünung kommen konventionelle und fertigbegrünte Systeme in Frage:

Tab. II: Systeme der Extensivbegrünung

	Konventionelles System	Fertigbegrüntes System
Begrünung durch	Ansaat, Anpflanzen, Sprossensaat, Anspritzen	Ausrollen von Rollrasen, bereits bewachsenen Substratmatten u. a.
Durchführung	Dachgärtner	Dachdecker
Pflege	anfangs aufwendig, regelmäßiges Bewässern, ggf. Nachpflanzen	einmaliges Bewässern
Vorteile	im Wohnungsbau in Selbsthilfe leistbar	kein Abwehen von Substrat, „fertige Optik“[5]

Geneigte Gründächer

Schließlich ist zu differenzieren zwischen Begrünungen auf Flachdächern, auf flach geneigten Dächern und auf Steildächern. Die **Neigung** hat stets Einfluß auf

- die Technik (Verhinderung des Abrutschens von Material)
- den Wasserhaushalt (beschleunigte Niederschlagsabführung)

- Flachdächer ohne Gefälle sind geeignet für Systeme mit Anstaubewässerung, bei denen bis zu einer definierten Höhe in der Drainschicht Wasser angestaut, also gespeichert wird und erst bei Überschreiten dieser Höhe abgeführt wird (Anstaubewässerungen sind auch bei geneigten Dächern möglich, wenn dafür spezielle Schaumkunststoffelemente eingesetzt werden).[6]

- Flachdächer mit 2° Neigung sind der Regelfall und dürften zum Haupteinsatzbereich von Dachbegrünungen werden. Hier wird das überschüssige Niederschlagswasser am besten abgeleitet.

- Neigungen bis 20° erfordern ein erhöhtes Wasserspeichervermögen des Substrates und die Wahl von gebrochenen Materialien, deren Reibung das Abrutschen verhindert. Geeignet sind auch Substratplatten, -matten, Krallmatten und dergleichen.

Schubschwellen

- Über 20° werden daneben in der Regel konstruktive Schubsicherungen erforderlich, die in Form von ins Substrat eingelegten und befestigten Schwellen ein Abrutschen verhindern (statt Schwellen unter der Dachdichtung sei zu eingelegten und über den First mit der gegenüberliegenden Seite verbundenen Lattengerüsten in der Substratschicht geraten).[7]

- Mit zunehmender Neigung erhöhen sich die Kosten und die Anforderungen an die Statik – über 45° sind Gründächer zwar noch technisch möglich, aber vom Verhältnis Aufwand/Nutzen her unsinnig.

Tab. III: Eignung verschiedener Dachneigungen für Begrünungen

	Flachdach	flachgeneigtes Dach		Steildach		
Neigung	0 – 3°	3 – 5°	5 – 20°	20 – 30°	30 – 45°	> 45°
Eignung	alle Begrünungsformen	alle Begrünungsformen	einfache Intensivbegrünung, Extensivbegrünung	einfache Intensivbegrünung, Extensivbegrünung	Extensivbegrünung	nicht zu empfehlen
Anstaubewässerung	geeignet	mit besonderen Elementen		–	–	–
Schubsicherung	–	–	–	mit eingelegtem Lattenrost u.a.	konstruktiv aufwendig	zu aufwendig

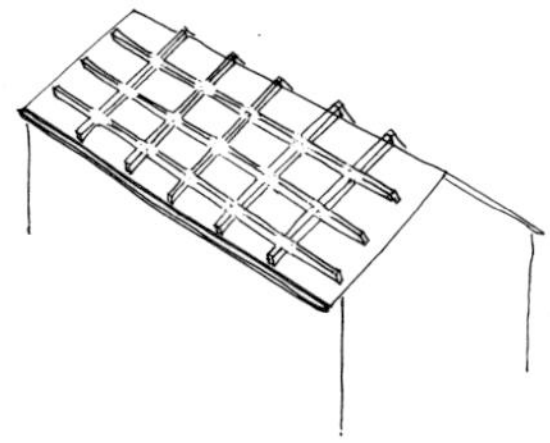

Abb. 3: Schubsicherung

In diesem Buch werden drei praxisnahe Fälle betrachtet:

Typ A:

Ein innerstädtisches Bürogebäude mit 200 m² aufwendiger Intensivbegrünung von Dachflächen (gewählt Floratherm TH 140 WD, 30 cm Substrat aus 70% Zincohum und 30% Zincolit, Bepflanzung von Dachgärtnern).

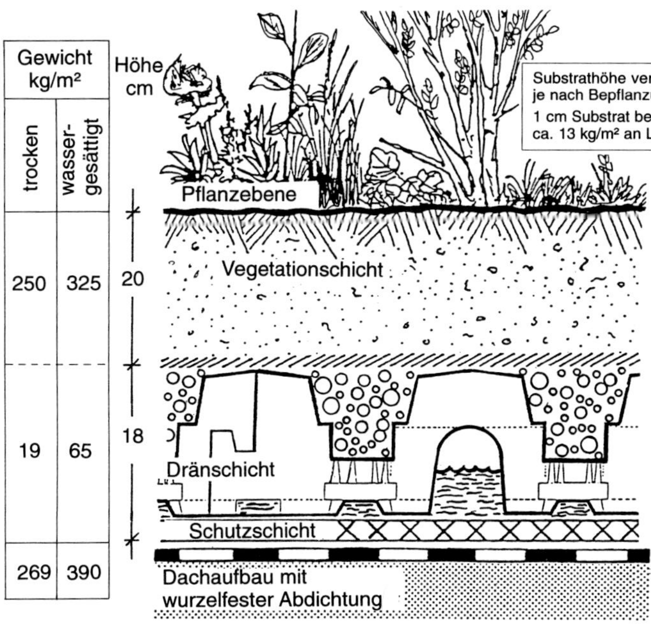

ab ca. 38 cm Aufbauhöhe
ab ca. 360 kg/m² Feuchtgewicht
ca. 121 l/m² Speichervolumen bei 7 cm Wasseranstau

Abb. 4: Beispielaufbau einer aufwendigen Intensivbegrünung

Typ B:

Ein zweigeschossiges Doppelhaus mit einer einfachen Intensivbegrünung auf 200 m² Fläche (gewählt: Minkesystem bzw. reNatur, mit Blähton-Erde-Gemisch, 20 cm stark).

Ausführung ohne zusätzliche Dämmung

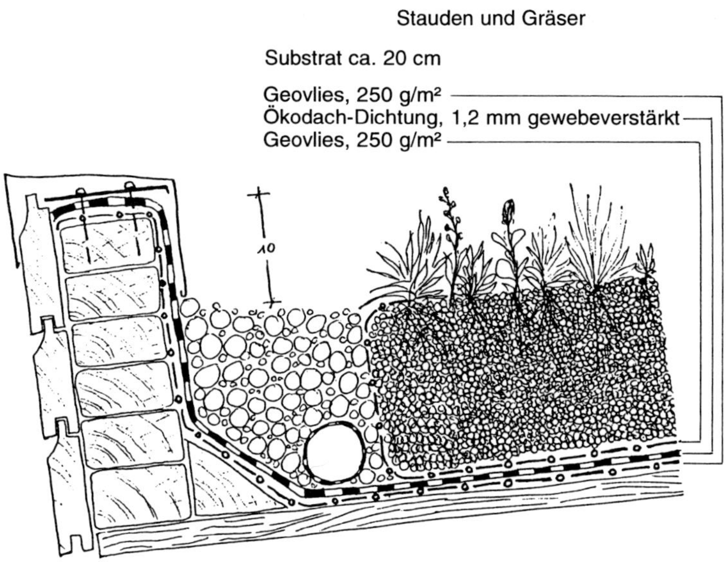

Abb. 5: Beispielaufbau einer einfachen Intensivbegrünung

Typ C:

Eine kleine Gewerbehalle mit 200 m² Extensivbegrünung (gewählt: Technoflor mit 3 cm Vegetationsplatte und 2 cm Substratüberdekkung).

Vegetationsaufbau Sedumbegrünung

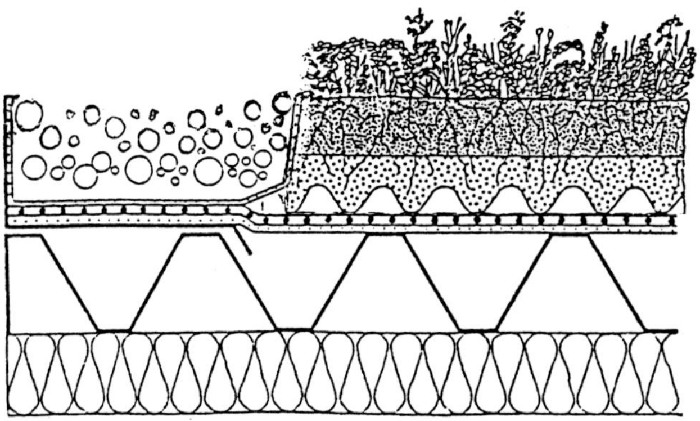

	Schichtstärken	Gewichte
Sedumpflanzen		1–2 kp
Erdsubstrat RG= 1000–1200 kg/m³	2–3 cm	20–36 kp
Technoflor D30	3 cm	18 kp
	5–6 cm	~40–55 kp/m²

Dachaufbau mit wurzelfester Abdichtung

Abb. 6: Beispielaufbau einer Extensivbegrünung

2 Technische Auswirkungen

Dachbegrünungen haben technische Wirkungen auf das Gebäude, zum Teil aber auch auf die Umgebung. In der Reihenfolge ihrer Bedeutung werden hier Einflüsse auf die Statik, den Energiehaushalt, thermische Längenänderungen und den Schallschutz behandelt; der Energiehaushalt wird wegen seines Zusammenhanges mit dem anschließenden Kapitel ans Ende gestellt.

2.1 Statik

Für die Lastannahmen spielen die gewählten Materialien, deren Mengen und insbesondere das Wasserspeichervermögen eine Rolle. Früher galt die Faustregel: 10 cm Aufbau wiegen ca. 170 kp/m². Inzwischen hat sich das Bild differenziert: Leichtere Substrate und Systeme sind ausgereift und marktüblich.

Zu unterscheiden ist zwischen Randbereichen und dazwischen liegenden Flächen. Je nach Gebäudehöhe können am Gebäuderand Windsoglasten angreifen, die einen Grobkiesstreifen oder ein Verlegen von Gehwegplatten erfordern. Die daraus resultierenden Lasten sind zu berücksichtigen; glücklicherweise ist aber der Randbereich „tragfähiger“ als Flächen in der Dachmitte.

Lastannahmen

Gängige Gründachsysteme wiegen zwischen 65 und 165 kp/m² (Durchschnittswerte von über 20 Anbietern). Bei den aufwendigen Intensivbegrünungen wie unserem Typ A können durch Anstaubewässerung zeitweilig erhebliche Lasten hinzukommen, so daß das gewählte System über 360 kp/m² Feuchtgewicht aufweist.[8] Nach DIN 1055 sind für Dachterrassen und Dachgärten zusätzliche Dachlasten von 3,5 kN/m² anzusetzen. Allein die Flächenpressung von Großsträuchern kann 40 kp/m² betragen, von Bäumen bis zu 150 kp/m².[9] Die einfachen Intensivbegrünungen beginnen bei 80 kp/m². Für Extensivbegrünungen gibt es verschiedene Systeme um 65 kp/m², mehrere auch ab 50 kp/m².

„Leichtgewichte“

Doch selbst für extrem geringe Spielräume gibt es mittlerweile Problemlösungen: Substratgemische von 6 cm mit einer Flächenlast von 39 kp/m²[10], vorkultivierte Vegetationsmatten mit 35 kp/m² und fertig begrünte, armierte Moos-Sedum-Matten mit lediglich 25 kp/m², die inzwischen von mehreren Herstellern angeboten werden.[11] Damit dürften selbst weit gespannte Hallen mit leichten Dachkonstruktionen noch begrünbar sein, auch nachträgliche Begrünungen werden trotz minimaler Lastreserven realisierbar.

Die höhere Belastbarkeit von Dachflächen über Zwischenwänden, Stützen etc. kann geschickt genutzt werden, um an solchen Stellen höhere Substratschichten aufzubringen und damit Standortbedingungen für andere Pflanzen zu schaffen und Artenvielfalt sowie Erscheinungsbild zu bereichern.

Vergleich Kiesdach : Gründach

Ein Vergleich sei zwischen einem konventionellen Flachdach mit Kiesschüttung und Gründächern angestellt (unbekieste Flachdächer werden wegen ihrer hohen Beanspruchung durch Temperaturdifferenzen, UV-Strahlung etc. und der daraus resultierenden hohen Schadenshäufigkeit hier nicht betrachtet). Die Kiesschüttung wiegt bei 5 cm Stärke 80 bis 90 kp/m² (bei 8 cm: 90 bis 140 kp/m²), Extensivbegrünungen hingegen ab 25 kp/m², die einfachen Intensiv*begrünungen* ab 80 kp/m². Letztere sind damit *nicht* – wie stets unterstellt – *zusätzliche Lasten, sondern alternative Systeme,* die die Statik nicht weiter belasten. Das gilt zum Teil selbst bei weit gespannten Hallendächern, die gewisse Auflasten benötigen, um das „Flattern" bei Wind zu vermeiden. Lediglich die aufwendigen Intensivbegrünungen bleiben hier wegen ihrer zusätzlichen Funktionen wie Begehbarkeit etc. außer Betracht.

2.2 Thermische Längenänderungen

Folgen von Temperaturschwankungen

Auf Flachdächern treten Temperaturschwankungen von *bis zu 100 K im Jahres- und bis zu 60 K im Tagesverlauf* auf. Auch bei Bekiesung können die Differenzen noch 35 K im Tagesverlauf und 70 K im Jahresverlauf ausmachen. Diese Temperaturveränderungen führen zu thermischen Längenänderungen im Material, die aufwendige Dehnungsfugen mit allen ihren Problemen erfordern. Daneben können sie bei einzelnen Materialien zu *Ermüdungserscheinungen* führen.

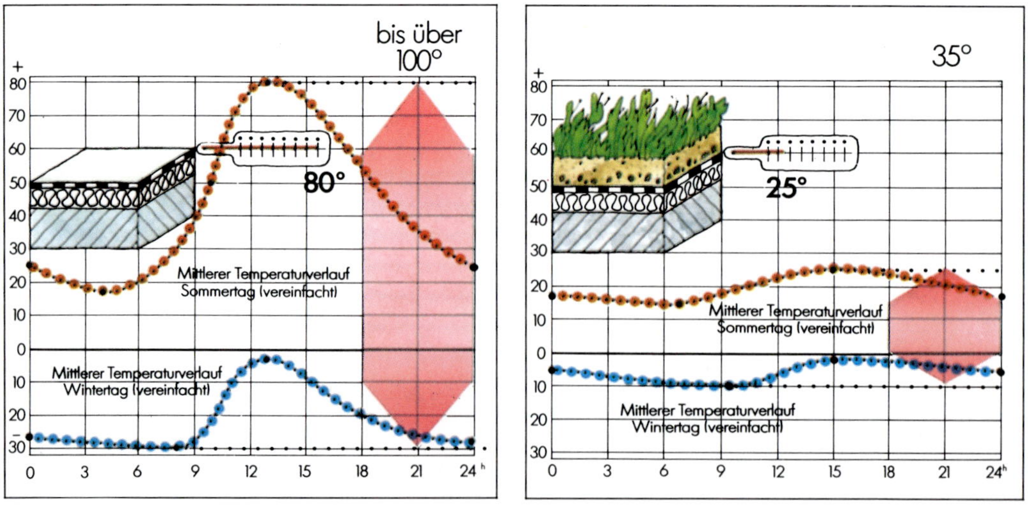

Abb. 7: Maximale Temperaturschwankungen auf Flachdächern, Differenzen beim Kiesdach bis 70 K im Jahresverlauf

Rißbildungen werden zur Quelle von Bauschäden, die im Dachbereich meistens mit Durchfeuchtungen einhergehen. Häufig ist die *Ortung des Fehlers schwierig* und Sanierungen erfordern das Aufnehmen größerer Flächen und Materialmengen.

Gründach reduziert Temperaturspitzen

Dach*begrünungen* dämpfen nun durch Wärmedämmung, Wärmespeicherung, Verdunstung etc. diese Temperaturschwankungen auf *35 K im Jahres- und 15 K im Tagesverlauf.*

Bereits in 8 cm bis 10 cm Tiefe im Substrat sind die Temperaturschwankungen minimal.[12] Die aus Längenänderungen resultierende *hohe Anfälligkeit der Dachhaut* wird dadurch *entscheidend reduziert.*

Auch Schäden durch Dampfdiffusion kann mit Dachgrün bei einigen Dachaufbauten entgegengewirkt werden: Im Kaltdach können Temperaturstürze zu größeren Tauwassermengen führen, als abgeführt werden können – eine Begrünung verlangsamt und verstetigt Temperaturwechsel.

2.3 Schallschutz

Wirkungsweise der Luftschalldämmung

Gründachaufbauten, die ohne nennenswerte Erhöhung der Lastannahmen anstelle von Bekiesungen auf Flachdächer aufgebracht werden, können auch ohne Erhöhung der Masse zu einer Verbesserung der Luftschalldämmung führen, da in Begrünungssubstraten die großen Hohlräume einer Kiesschicht (z. B. bei Korndurchmesser 16 mm bis 32 mm) vermieden werden. Erhöht die Dachbegrünung die Auflast, so verbessert sich die Luftschalldämmung weiter. 20 cm Substratstärke können die Schalldämmung um max. 46 dB verbessern.[13]

Dieser verbesserte Schallschutz ist insbesondere im Bereich der Einflugschneisen von Flughäfen – auch über die Fluglärmzone 3 hinaus –

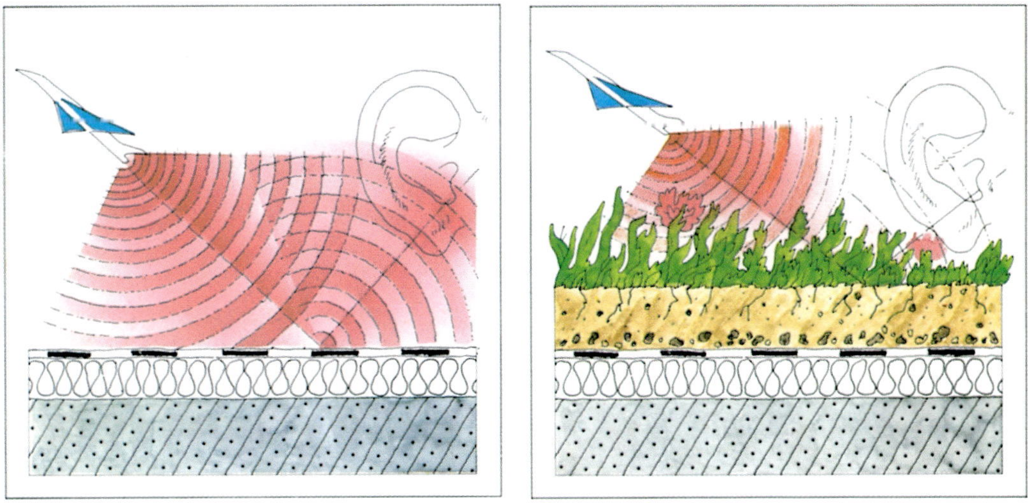

Abb. 8: Verhalten unbegrünter und begrünter Dachflächen bei Schalleinwirkung

wünschenswert. Aber auch nur gelegentliche, doch eventuell zukünftig zunehmende Belästigungen durch Rettungshubschrauber im Umkreis von Krankenhäusern, durch Polizei- oder Militärhubschrauber etc. können deutlich reduziert werden.

Schallreflexionen

Von Bedeutung können Gründächer auf niedrigen Gebäudeteilen im Wirkungsbereich *höhergelegener Schallquellen* – z. B. in Gewerbe- und Industriegebieten – sein. Würden unbegrünte Dächer den Schall reflektieren (z. B. gegen darüber hinausragende Fassadenteile), können Gründächer ihn absorbieren. Quantitativ kann der Lärmpegel gegenüber Kiesdächern um 2 bis 3 dB(A) reduziert werden.[14]

Schalldämpfung

In vielen Fällen befinden sich *technische Aggregate von Klima- oder Lüftungsanlagen, Aufzugsanlagen etc.* auf Flachdächern. Ihre Geräuschemission kann durch eine Dachbegrünung ebenfalls gedämpft, die Schallreflexion verringert werden. Für alle ruhebedürftigen Nutzungen kann ein *Gründach als Element* oder Alternative *im baulichen Schallschutz* erwogen werden. Intensivbegrünungen haben mit zunehmender Masse eine sich verbessernde Schall**dämm**fähigkeit, bei Extensivbegrünungen ist diese Fähigkeit weniger ausgeprägt, Schall**dämpfung** kann aber in den Vordergrund treten.

2.4 Energiebilanz

Die Schichten des Gründaches dämmen den Energiedurchlaß. Die wärmedämmende Wirkung eines bestimmten Gründaches ist nicht konstant, sondern *abhängig von der Witterung* (Wassergehalt der Schichten, Unterströmeffekte in der Drainschicht, Windgeschwindigkeit). Das macht ihre Berechnung schwierig, jedoch nicht unmöglich. Früher durfte sie daher bei der k-Wert-Berechnung bzw. dem Verfahren nach Wärmeschutzverordnung nicht eingesetzt werden.

Wärmeschutz berechenbar

Inzwischen gibt es für sieben Systeme einen positiven *Bescheid vom Bundesbauministerium,* der die Anrechnung des Wärmedämmvermögens aller Systemschichten bei Wärmeschutznachweisen zuläßt.[15] Er basiert auf Berechnungen des Fraunhofer-Institutes, Stuttgart.

Das erscheint nur recht und billig, liegt doch auch beim Umkehrdach die Wärmedämmung im nassen Bereich.

Faktisch wirkt nicht nur die nunmehr ansetzbare Schicht wärmedämmend, vielmehr basiert diese Wirkung auf verschiedenen Faktoren:

Einflußfaktoren beim Wärmeschutz

I. beim Wärmedurchgang:

a) im wesentlichen auf Lufteinschlüssen in Platten oder Substrat und auf Luft in Zwischenräumen zwischen Substratteilen;
b) daneben (zu jeweils kleinen Anteilen, aber in der Summe dennoch wirksam) auf Luftpolsterbildung zwischen der Vegetation;
c) auf Absorption und Reflexion der langwelligen, vom Gebäude nach außen dringenden Wärmestrahlung;
d) auf nächtlicher Erwärmung der Erdschicht infolge der Wurzelatmung;[16]
e) auf Wärmegewinnung bei der Tauwasserbildung.

II. bei der Konvektion:

a) Verringerung von Konvektionsverlusten durch Oberflächenrauhigkeit des Graspolsters oder der Vegetation etc. gegenüber dem glatten Teerpappdach, mit anderen Worten „Windabhaltung";
b) Umwandlung der Windenergie in Wärme in Halmen, Stengeln, Blättern etc.

Das Zusammenwirken der Faktoren Ib bis IIb hat nach Minke einen Effekt, als hätte das Graspolster rechnerisch die Wärmeleitfähigkeit von Blähton. Klindt gibt für dieses Zusammenwirken als Richtwert an, daß 10 cm Begrünungsschichtenaufbau 5 cm eines normalen Dämmaterials etwa gleichwertig sind.[17] Die folgenden Berechnungen gehen von vorsichtigeren Werten aus.

„Faustwerte"

Für die drei Beispielfälle Typ A bis C soll die Dämmwirkung rechnerisch ermittelt werden.[18] Die Beispiele „passen" auch nach WSV.[19]

Dabei werden für jeden Typ drei Fälle betrachtet:

Beispielrechnungen

1. Ein Gründach auf einem Neubau, bei dem die wärmedämmende Wirkung der Begrünung bei der Bemessung und Berechnung der Wärmedämmung des Daches berücksichtigt wird (= „Neubaufall").
2. Ein Gründach als Ergänzung oder Sanierung eines bestehenden Flachdaches, das bereits heutigen Wärmedämmstandards entsprach (= „San. gute WD").
3. Ein Gründach als Sanierung eines bestehenden Flachdaches, das lediglich die Anforderungen der Wärmedämmung gemäß DIN 4108 Teil 2 erfüllte (= „San. min. WD").

Gebäude Typ A, Fall 1: aufwendige Intensivbegrünung auf Neubau

Typ A erreicht als Warmdach bei 20 cm Betondecke und der gewählten aufwendigen Intensivbegrünung folgenden Wärmedurchgangswiderstands-Wert (1/k):

	Material	Stärke s [m]	Wärmeleitfähigkeit λ [W/mK]	s/λ [m^2K/W] bzw. $1/\alpha$
Wärmeübergangswiderstand $1/\alpha_i$				0,13
	Beton	0,2	2,1	0,095
	Drainage			1,65
	Substrat	0,3	0,6	0,50
Wärmeübergangswiderstand $1/\alpha_a$				0,04
Summe $1/k = \frac{1}{\alpha_i} + \Sigma\frac{s}{\lambda} + \frac{1}{\alpha_a} =$				2,415
k-Wert Gesamtkonstruktion				0,41 W/m^2K

(Der Wert für die Drainage entspricht dem BMBau-Bescheid für das gewählte Drain-Element. Für das Substrat ist ein Einzelnachweis zu führen; der Wert von 0,6 W/m K ist für eine feuchte, leichte Substratmischung zu wählen [20], was hier im Hinblick auf die Anstaubewässerung in Frage kommt.)

Gebäude Typ A, Fall 2: aufwendige Intensivbegrünung auf bestehende, gute Wärmedämmung

Bei einem nach heutigem Standard gedämmten Dach erreicht man einen Wärmedurchgangswiderstands-Wert (1/k) von

	Material	Stärke s [m]	Wärmeleitfähigkeit λ [W/mK]	s/λ [m²K/W] bzw. 1/α
Wärmeübergangswiderstand $1/\alpha_i$				0,13
	Beton	0,2	2,1	0,095
	Wärmedämmschicht	0,1	0,04	2,50
Wärmeübergangswiderstand $1/\alpha_a$				0,04
Summe $1/k = \frac{1}{\alpha_i} + \Sigma\frac{s}{\lambda} + \frac{1}{\alpha_a} =$				2,765
k-Wert Gesamtkonstruktion				0,36 W/m²K

Durch die zusätzlich aufwendige Intensivbegrünung verbessert sich der Wert:

	Material	Stärke s [m]	Wärmeleitfähigkeit λ [W/mK]	s/λ [m²K/W] bzw. 1/α
Wärmeübergangswiderstand $1/\alpha_i$				0,13
	Beton	0,2	2,1	0,095
	Wärmedämmschicht	0,1	0,04	2,50
	Drainage			1,65
	Substrat	0,3	0,6	0,50
Wärmeübergangswiderstand $1/\alpha_a$				0,04
Summe $1/k = \frac{1}{\alpha_i} + \Sigma\frac{s}{\lambda} + \frac{1}{\alpha_a} =$				4,915
k-Wert Gesamtkonstruktion				0,20 W/m²K

Die Verbesserung beträgt 45%, der neue Wert entspricht optimalem Wärmeschutz, seine Steigerung wäre wirtschaftlich nicht mehr sinnvoll.

Gebäude Typ A, Fall 3: aufwendige Intensivbegrünung auf Mindest-Wärmeschutz

Ein Dach mit Mindest-Wärmeschutz gemäß DIN 4108 besitzt folgenden Wärmedurchgangswiderstands-Wert:

	Material	Stärke s [m]	Wärmeleitfähigkeit λ [W/mK]	s/λ [m^2K/W] bzw. $1/\alpha$
Wärmeübergangswiderstand $1/\alpha_i$				0,13
	Beton	0,2	2,1	0,095
	Wärmedämmschicht	0,04	0,04	1,0
Wärmeübergangswiderstand $1/\alpha_a$				0,04
Summe $1/k = \frac{1}{\alpha_i} + \Sigma\frac{s}{\lambda} + \frac{1}{\alpha_a} =$				1,265
k-Wert Gesamtkonstruktion				0,79 W/m^2K

Durch die zusätzliche aufwendige Intensivbegrünung verbessert sich der Wärmedurchgangswiderstands-Wert erheblich:

	Material	Stärke s [m]	Wärmeleitfähigkeit λ [W/mK]	s/λ [m^2K/W] bzw. $1/\alpha$
Wärmeübergangswiderstand $1/\alpha_i$				0,13
	Beton	0,2	2,1	0,095
	Wärmedämmschicht	0,04	0,04	1,0
	Drainage			1,65
	Substrat	0,3	0,6	0,50
Wärmeübergangswiderstand $1/\alpha_a$				0,04
Summe $1/k = \frac{1}{\alpha_i} + \Sigma\frac{s}{\lambda} + \frac{1}{\alpha_a} =$				3,41
k-Wert Gesamtkonstruktion				0,29 W/m^2K

Gebäude Typ B, Fall 1: einfache Intensivbegrünung auf Neubau

Es wird ein flachgeneigtes Dach auf Sparren mit oberseitiger 30-mm-Verschalung angenommen, auf dem ein 20 cm dickes Blähton-Erde-Gemisch aufliegt.[21] Der Wärmedurchgangswiderstands-Wert (1/k) beträgt

	Material	Stärke s [m]	Wärmeleitfähigkeit λ [W/mK]	s/λ [m²K/W] bzw. 1/α
Wärmeübergangswiderstand $1/\alpha_i$				0,13
	Verschalung	0,03	0,13	0,23
	Grobkies	0,12	0,12	1,0
	Feinkies	0,06	0,1	0,6
	Erde	0,02	1,4	0,01
Wärmeübergangswiderstand $1/\alpha_a$				0,04
Summe $1/k = \frac{1}{\alpha_i} + \Sigma\frac{s}{\lambda} + \frac{1}{\alpha_a} =$				2,01
k-Wert Gesamtkonstruktion				0,49 W/m²K

Anrechnung des Gründachs beim Wärmeschutz

Dieser Wert verschlechtert sich bei Regenwetter, was jedoch auch bei Umkehrdächern vorkommen kann und dort entsprechend berücksichtigt ist. Die Anrechnung der Drainage- und Substratschichten auf den Wärmeschutz ist nicht üblich, aber möglich, und erfolgte bei über 70 Häusern in Hannover-Lahe.[22] Der k-Wert von 0,49 ist nicht überragend, aber je nach Hauskonzept akzeptabel (andernfalls ist zusätzliche Wärmedämmung anzuraten). Durch das dichte Graspolster kann er sich bis auf 0,3 W/m K verbessern, wie Messungen eines deutschen Großbetriebes an 12 verschiedenen Grasdächern ergaben.[23] Gegenüber den Mindestanforderungen nach DIN 4108 Teil 2 Tabelle 2 von 1,26 W/m K stellt er eine Verringerung des Wärmedurchganges um mehr als 60% dar.[24]

Gebäude Typ B, Fall 2: einfache Intensivbegrünung auf bestehende, gute Wärmedämmung

Bei der Sanierung eines gut gedämmten Daches durch eine einfache Intensivbegrünung würde sich dann der Wärmedurchgangswiderstands-Wert verbessern auf:

	Material	Stärke s [m]	Wärmeleitfähigkeit λ [W/mK]	s/λ [m²K/W] bzw. 1/k
1/k ohne Dämmung				2,01
	Wärmedämmschicht	0,1	0,04	2,5
Summe $1/k = \frac{1}{\alpha_i} + \Sigma \frac{s}{\lambda} + \frac{1}{\alpha_a} =$				4,51
k-Wert Gesamtkonstruktion				0,22 W/m²K

Gebäude Typ B, Fall 3: einfache Intensivbegrünung auf Mindestwärmeschutz

Die Sanierung eines Daches, das nur den Mindestanforderungen nach DIN 4108 entspricht, wird selten vorkommen (z. B. bei nach dem Krieg einfach wiederhergestellten Dachflächen); der k-Wert nach der Sanierung entspräche Typ B, Fall 1.

Gebäude Typ C, Fall 1: Extensivbegrünung auf Neubau

Während der Fall 1 bei Typ B mit dem Gründach als Wärmedämmung auskommen könnte, würde sich beim Typ C ohne Wärmedämmung Tauwasser unter der Hallendecke bilden. Deshalb sei für diesen Fall einmal betrachtet, wieviel Zentimeter dieser Wärmedämmung durch

	Material	Stärke s [m]	Wärmeleitfähigkeit λ [W/mK]	s/λ [m²K/W] bzw. 1/α
Wärmeübergangswiderstand $1/\alpha_i$				0,13
	Wärmedämmschicht	0,065	0,04	1,625
	Drainage	0,03	0,08	0,375
	Substrat	0,02	1,4	0,01
Wärmeübergangswiderstand $1/\alpha_a$				0,04
Summe $1/k = \frac{1}{\alpha_i} + \Sigma \frac{s}{\lambda} + \frac{1}{\alpha_a} =$				2,18
k-Wert Gesamtkonstruktion				0,45 W/m²K

ein Gründach „ersetzt“ werden könnten, ohne daß sich das Gesamtergebnis verschlechtert. Die wärmedämmende Wirkung der gewählten Extensivbegrünung ist gering; die Reduktion der Dämmschichtdicke von 80 mm im Neubaufall um ein ihrer Dämmwirkung entsprechendes Maß beträgt: $\left(0{,}375\left[\frac{m^2K}{W}\right] + 0{,}01\left[\frac{m^2K}{W}\right]\right) \cdot 0{,}04\left[\frac{m^2K}{W}\right] = 15\,[mm]$.

Gebäude Typ C, Fall 2: Extensivbegrünung auf bestehende, gute Wärmedämmung

Die Halle war mit 8 cm Dämmstoff im Dach schon ausreichend gedämmt:

	Material	Stärke s [m]	Wärmeleitfähigkeit λ [W/mK]	s/λ [m^2K/W] bzw. 1/α
Wärmeübergangswiderstand 1/α_i				0,13
	Wärmedämmschicht	0,08	0,04	2,00
Wärmeübergangswiderstand 1/α_a				0,04
Summe $1/k = \frac{1}{\alpha_i} + \Sigma\frac{s}{\lambda} + \frac{1}{\alpha_a} =$				2,17
k-Wert Gesamtkonstruktion				0,46 W/m^2K

Bei Sanierung mit einem Gründachaufbau verbessert sich der k-Wert:

	Material	Stärke s [m]	Wärmeleitfähigkeit λ [W/mK]	s/λ [m^2K/W] bzw. 1/α
Wärmeübergangswiderstand 1/α_i				0,13
	Wärmedämmschicht	0,08	0,04	2,0
	Drainage	0,03	0,08	0,375
	Substrat	0,02	1,4	0,01
Wärmeübergangswiderstand 1/α_a				0,04
Summe $1/k = \frac{1}{\alpha_i} + \Sigma\frac{s}{\lambda} + \frac{1}{\alpha_a} =$				2,55
k-Wert Gesamtkonstruktion				0,39 W/m^2K

Gebäude Typ C, Fall 3: Extensivbegrünung auf Mindestwärmeschutz

War die bestehende Decke nur schlecht gedämmt mit Werten von:

	Material	Stärke s [m]	Wärmeleitfähigkeit λ [W/mK]	s/λ [m^2K/W] bzw. $1/\alpha$
Wärmeübergangswiderstand $1/\alpha_i$				0,13
	Wärmedämmschicht	0,04	0,04	1,00
Wärmeübergangswiderstand $1/\alpha_a$				0,04
Summe $1/k = \frac{1}{\alpha_i} + \Sigma\frac{s}{\lambda} + \frac{1}{\alpha_a} =$				1,17
k-Wert Gesamtkonstruktion				0,85 W/m^2K

verbessert sich der k-Wert bei Sanierung mit Gründach:

	Material	Stärke s [m]	Wärmeleitfähigkeit λ [W/mK]	s/λ [m^2K/W] bzw. $1/\alpha$
Wärmeübergangswiderstand $1/\alpha_i$				0,13
	Wärmedämmschicht	0,04	0,04	1,0
	Drainage	0,03	0,08	0,375
	Substrat	0,02	1,4	0,01
Wärmeübergangswiderstand $1/\alpha_a$				0,04
Summe $1/k = \frac{1}{\alpha_i} + \Sigma\frac{s}{\lambda} + \frac{1}{\alpha_a} =$				1,555
k-Wert Gesamtkonstruktion				0,64 W/m^2K

(Je nach Verwendung der Halle ist zu prüfen, ob dieser k-Wert ausreicht).

Maß der Verbesserung

Die rechnerische *Verbesserung bei einer Extensivbegrünung* liegt bei ca. *25%* (bei trockener Stubstratplatte und naturfeuchtem Bodengemisch; bei Regen deutlich weniger). Tatsächlich ist der wärmedämmende Effekt einer so minimierten Extensivbegrünung durch den Feuchtegehalt also sehr gering.

Zu den errechneten k-Werten kommt temporär die gute Dämmwirkung der nur verzögernd tauenden Schneeschichten; selbst ohne Schnee

Wärmestrom im Winter (Sommer entsprechend, Wärmestrom von oben nach unten)

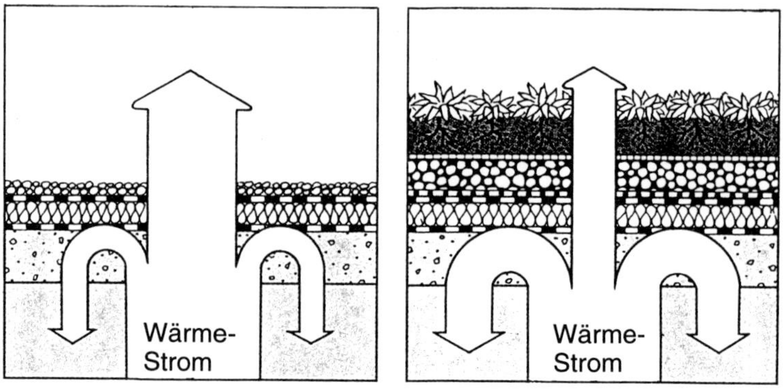

Abb. 9: Energetisches Verhalten bekiester und begrünter Dächer in Abhängigkeit von der Dämmwirkung der Gesamtkonstruktion

wirkt die Windbremsung durch Reibung am Gründach, die hohe Konvektionsverluste (die bis 50% der Gesamtwärmeverluste betragen können) weiter verringert. Während Intensivbegrünungen schon zu annehmbaren k-Werten führen, sollten bei Extensivbegrünungen also separate Wärmedämmschichten eingebaut werden.

Wirkung im Sommer

Die verbesserten k-Werte dienen natürlich nicht nur der *Energiebewahrung im Winter* (und damit dem Portemonnaie des Bauherrn und der Umwelt), sondern auch der *Verringerung der Temperaturen darunterliegender Räume im Sommer* (Vermeidung überhitzter Räume oberster Geschosse mit unangenehm hohen inneren Oberflächentemperaturen der Decken).

3 Auswirkungen auf die Umwelt

Rechnerische Näherungen

In zahlreichen Fachbeiträgen wird die positive Auswirkung von Dachbegrünungen auf die Stadtökologie bzw. das Kleinklima gewürdigt. Fast alle diese Beiträge beschreiben die Vorteile rein verbal. Hier soll demgegenüber einmal versucht werden, die Wirkungen zu quantifizieren.[25]

Natürlich sind alle Einzelwirkungen miteinander verflochten und im Zusammenspiel zu berechnen. Das wurde durchgeführt. Für die Beschreibung werden die Einzelfaktoren jedoch wieder isoliert und durch Verweise auf vorhergehende oder folgende Abschnitte in den Zusammenhang gestellt.

3.1 Lufthaushalt

Dachbegrünung beeinflußt die Lufttemperatur, die Luftqualität und die Luftbewegung.

3.1.1 Energiehaushalt

Gegenüber einem „Kiesdach“ hat ein Gründach mehrere zusätzliche Schichten, die Wärme dämmen und speichern.

3.1.1.1 Veränderung der Lufttemperatur durch Dämmung

Dachbegrünung hat dämmende Wirkung, verringert also den Energiedurchlaß durch das Bauteil Dach, beeinflußt damit die Temperatur angrenzender Luftschichten und somit das Mikroklima; k-Werte von Flachdächern für unsere Beispieltypen A bis C mit und ohne Dachgrün wurden im einzelnen in Kapitel 2.4 berechnet. Ihre Auswirkungen auf Betriebskosten werden in einem späteren Abschnitt beschrieben, hier sei hingegen der Einfluß auf die Lufttemperatur untersucht.

Methodisches Vorgehen

Die Berechnungsmethode erfolgt analog zu DIN 4701 Teil 1, Ausgabe 3/83, modifiziert zur Ermittlung des Gesamtenergiedurchgangs durch das Bauteil Dach während der Heizperiode.

Randbedingungen

Die mittlere Außentemperatur der Heizperiode beträgt zum Beispiel in Braunschweig 3,35 °C[26], die mittlere Temperatur im Innenraum bei Betrieb von 7.00 Uhr bis 18.00 Uhr 20 °C, bei Nachtabsenkung beträgt der Mittelwert 18 °C. Die Differenz zur mittleren Außentemperatur ist dann 15 K, A = 200 m^2.

Norm-Transmissionswärmebedarf, Neubaufall, Typ A:

$$Q_N = A \cdot k \cdot \Delta\vartheta = 200\,[m^2] \cdot 0{,}41 \left[\frac{W}{m^2K}\right] \cdot 15\,[K] = 1230\,[W]$$ [27]

Energieverlust in der Heizperiode (Q_N · Tage/Heizperiode · 24 h/d)

$$1{,}23\,[kW] \cdot 227\,[d] \cdot 24\,[h/d] = 6{,}7\,[MWh]$$

Um nun die Auswirkungen auf die Lufttemperatur zu ermitteln, ist von der spezifischen Wärme der Luft auszugehen (um 1 cm^3 Luft von 20 °C auf 21 °C zu erwärmen, sind $3 \cdot 10^{-4}$ cal erforderlich oder für einen 1 m^3 1256 Ws bzw. 0,348 Wh).

Der Wärmeverlust durch das Dach heizt ca. 19 Mio. m^3 Luft um ein K auf:

$$\frac{6\,700\,000}{0{,}348}\left[\frac{Wh \cdot m^3K}{Wh}\right] = 19\,252\,873\,[m^3K]$$

Veranschaulichung der Wirkung

Zur Veranschaulichung: Eine über dem Dach von 200 m^2 befindliche Luftsäule von 100 m wird jeden Tag der Heizperiode erneut um 4,2 K erwärmt.[28] Diese Luftsäule ist quasi der Ausschnitt der städtischen Dunstglocke über dem Dach.

Damit ist das Berechnungsverfahren dargestellt, die weiteren Berechnungen befinden sich im Anhang. In Tabelle IV sind die entsprechenden Ergebnisse zusammengestellt.

Bewertung:

Interpretation der Tabelle

Die Sanierungsfälle erzielen bessere Werte als der Neubaufall, weil auf eine bestehende Wärmedämmung aufgebaut wird. Es wurde also früher schon einmal in Wärmedämmung investiert, während beim Neubaufall eine einmalige Investition betrachtet wird.

Die größte Wirkung läßt sich natürlich bei den Sanierungsfällen von vorhandener, geringer Wärmedämmung erzielen: eine Aufheizung der Luftsäule um 3 K nach Sanierung statt um 8,2 K vor Sanierung bzw. um 5 statt um 13 K.

Umrechnung in Dämmstoffstärke

Die Ergebnisse der Tabelle wirken einander angenähert, weil die vorhandene Wärmedämmung berücksichtigt wurde. Die alleinige *Dämmwirkung der aufwendigen Intensivbegrünung entspricht 9 cm Dämmstoff, die der einfachen Intensivbegrünung 8 cm, die der Extensivbegrünung hingegen* nur *1,5 cm.* Dementsprechend ist die umweltentlastende Wirkung allein durch die Dämmwirkung der Extensivbegrünung gegenüber den Intensivbegrünungen gering (Abb. 10).

Die *Energieverluste* durch das Dach *heizen* enorme Mengen der *Umgebungsluft auf;* die Dämmwirkung des *Gründach*es *mindert diese* unerwünschte *Wirkung* erheblich. Es wird deutlich, daß der wärmedämmende Effekt der beiden Intensivbegrünungen einen deutlich höheren Einfluß auf das Mikroklima hat als die Extensivbegrünung.

Tab. IV: Auswirkungen der Energieverluste bei unterschiedlich begrünten Dächern auf die Temperatur der Umgebungsluft

	k-Wert	Norm-Transmissionswärmebedarf	Energieverlust pro Heizperiode	Aufheizung einer 200 m² x 100 m Luftsäule pro Tag der Heizperiode
	W/m²k	W	MWh	K
Typ A				
1. Neubaufall	0,41	1230	6,7	4,2
2. Sanierung gut gedämmtes Dach	0,20	600	3,27	2
(vorher	0,36	1080	5,88	3,72)
3. Sanierung von Dämmung gem. DIN 4108	0,29	870	4,74	3
(vorher	0,79	2370	12,91	8,17)
Typ B				
1. Neubaufall	0,49	1470	8	5,06
2. Sanierung gut gedämmtes Dach	0,22	660	3,6	2,28
(vorher	0,37	1110	6,04	3,82)
3. Sanierung von Dämmung gem. DIN 4108	0,49	1470	8	5,06
(vorher	1,26	3780	20,59	13)
Typ C				
1. Neubaufall	0,45	990 (1350)	5,4 (7,35)	3,4 (4,65)
2. Sanierung gut gedämmtes Dach	0,39	858 (1170)	4,67 (6,37)	2,96 (4,03)
(vorher	0,46	1012 (1380)	5,51 (7,52)	3,48 (4,75)
3. Sanierung von Dämmung gem. DIN 4108	0,64	1386 (1890)	7,55 (10,29)	4,78 (6,52)
(vorher	0,85	1870 (2550)	10,19 (13,9)	6,44 (8,79)

Anmerkung: Bei Typ C stehen in Klammern neben den oben genannten Werten (die wegen der Gewerbenutzung von geringeren Innentemperaturen ausgehen) die Werte für Innenraumtemperaturen wie bei den vorhergehenden Berechnungen, um die Wirkung der Extensivbegrünung mit der Intensivbegrünung vergleichen zu können.

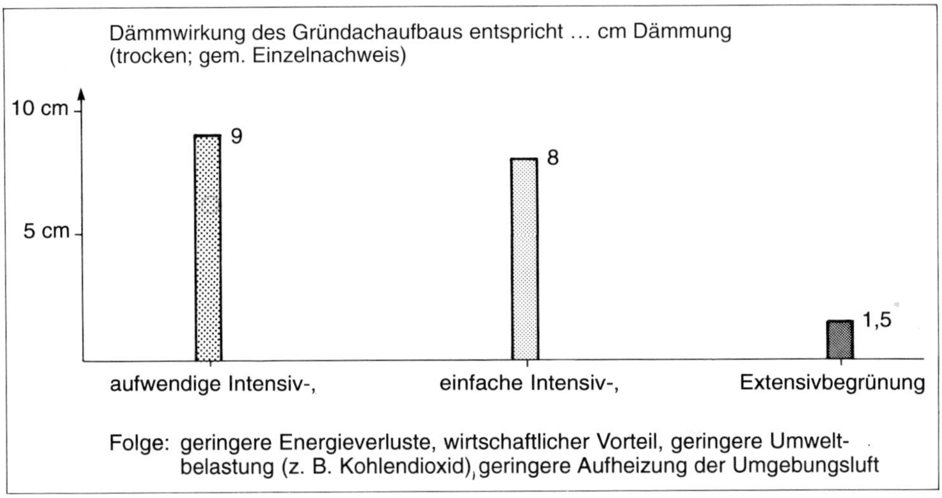

Abb. 10: Dämmwirkung der Begrünungstypen

3.1.1.2 Veränderung des Temperatur-Tagesverlaufes durch Speicherung

Auch im Sommer wird die Lufttemperatur durch Gründächer beeinflußt. Die Wärmespeicherfähigkeit eines Gründaches hängt von den gewählten Materialien und der Stärke des Substrataufbaues ab. Für unsere drei Beispiele gilt:

Typ A: $Q = V \cdot \rho \cdot c =$
$200\,[m^2] \cdot 0{,}3\,[m] \cdot 280\,[Wh/m^3K] = 16800\,[Wh/K] = 16{,}8\,[kWh/K]$

Wärmespeicherung der Begrünungstypen

Bei einer angenommenen Temperaturdifferenz zwischen dem feuchten Substrat mit 10 °C und der Lufttemperatur von 25 °C, also 15 K Differenz, beträgt die Wärmespeicherfähigkeit der aufwendigen Intensivbegrünung:

$Q \cdot 15\,[K] = 16{,}8\,[kWh/K] \cdot 15\,[K] = 252\,[kWh]$

Das entspricht einer Wärmespeicherfähigkeit von 1,26 kWh pro Quadratmeter Dachfläche.

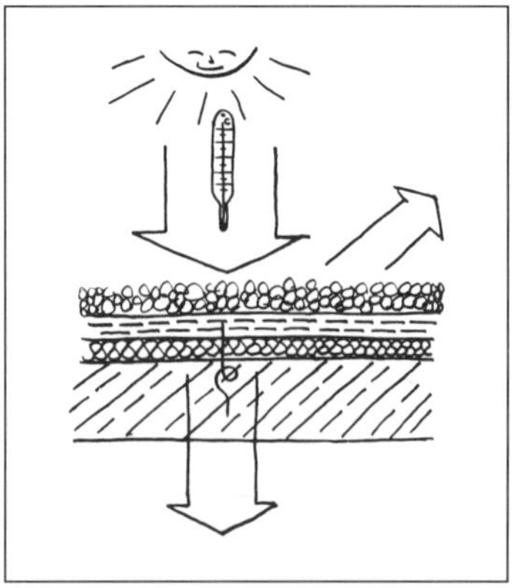

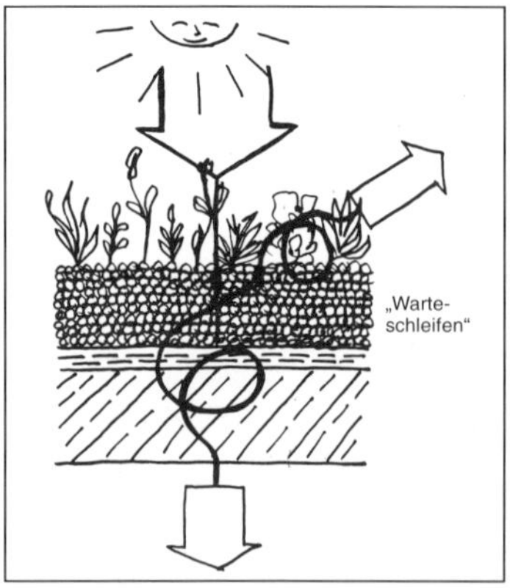

Abb. 11: Energetisches Verhalten bekiester und begrünter Dächer in Abhängigkeit von der Wärmespeicherfähigkeit der Gesamtkonstruktion

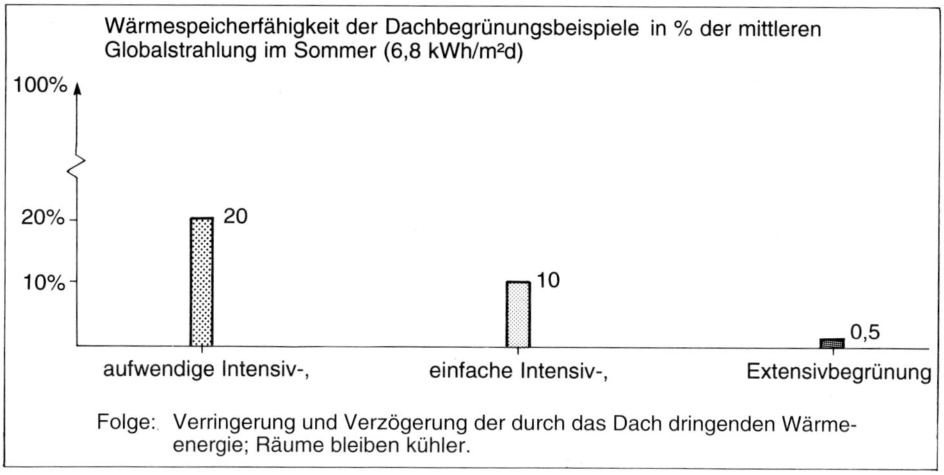

Abb. 12: Wärmespeicherfähigkeit der Begrünungstypen

Typ B erreicht bei 15 K eine Wärmespeicherfähigkeit von

$Q \cdot 15[K] = 8[kWh/K] \cdot 15[K] = 120[kWh]$
bzw. 0,6 kWh pro m^2 Dachfläche.

Die extensive Dachbegrünung liegt lediglich bei:

$Q = 200[m^2] \cdot 0{,}02[m] \cdot 100[Wh/m^3K] = 400\,[Wh/K]$

bei 15 K:

$Q \cdot 15[K] = 400[Wh/K] \cdot 15[K] = 6000[Wh]$
bzw. 0,03 kWh pro m^2 Dachfläche.

Zu dieser Speicherfähigkeit des Dachaufbaues kommt das Wärmespeichervermögen des Bewuchses selbst, das durch seinen Wassergehalt bestimmt wird. Wegen der großen Vielfalt der Bepflanzungsmöglichkeiten wird auf eine Quantifizierung hier verzichtet. Deutlich werden die eklatanten Unterschiede zwischen Intensiv- und Extensivbegrünungen.

Verhältnis zur Einstrahlung

Der Speicherfähigkeit steht – betrachtet man einen Sommertag im Juli – eine mittlere Globalstrahlung von 6,8 kWh/$m^2 \cdot d$[29] gegenüber (Spitzenwerte liegen natürlich deutlich darüber). Typ A kann also ca. 20% der eingestrahlten Energie speichern (und damit den Energiedurchgang durch das Dach nach innen „aufhalten"), Typ B knapp 10%, Typ C nur noch 0,5%.

Die *Wärmespeicherfähigkeit der Dachbegrünung verringert und verzögert die durch das Dach dringende Wärmemenge.*

3.1.1.3 Veränderung der Lufttemperatur durch Verdunstung

Das Stadtklima hat trockenere Luft als das Umland, was eine Folge von Überhitzung und mangelnder Verdunstung ist. Durch Dachbegrünung kann die Verdunstung heraufgesetzt werden.

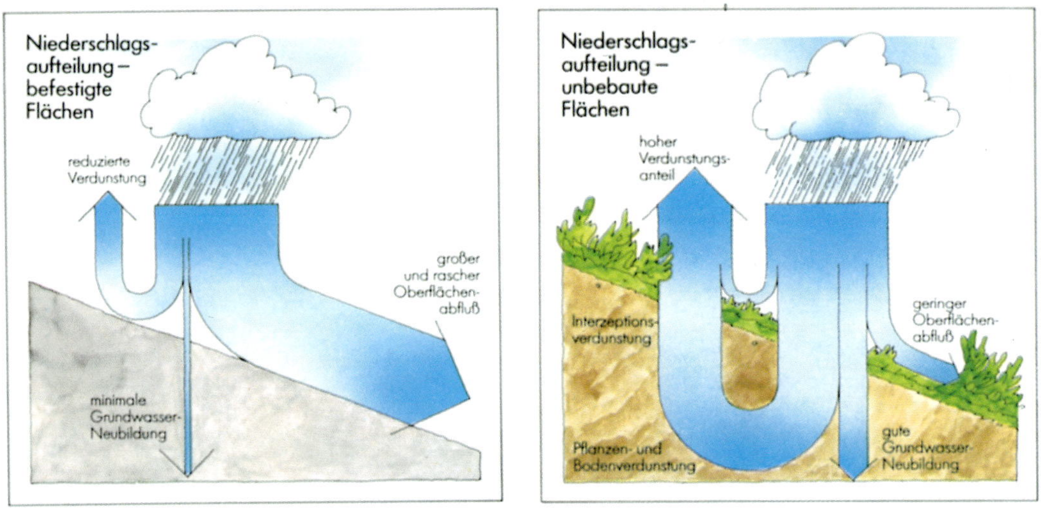

Abb. 13: Verhalten versiegelter bzw. begrünter Flächen bei Niederschlag

Während bei einer harten Bedachung der Regen sofort abgeführt wird, kann ihn das Gründach speichern und anschließend durch die Vegetation verdunsten.

Quantifizierung der Verdunstung

Ein m^2 Blattoberfläche kann an einem heißen Sommertag über 0,5 Liter Wasser verdunsten[30], ein Gründach im Jahresdurchschnitt bis 700 Liter pro Quadratmeter Dachfläche[31]. Das Bürogebäude (Typ A) mit Blattoberflächen bis 100 m^2 pro Quadratmeter Dachfläche könnte also bis zu 10 m^3 Wasser an einem heißen Sommertag verdunsten, entsprechend 50 mm Niederschlag bzw. 50 l/m^2. (Daraus wird aber auch ersichtlich, daß es einer regelmäßigen, praktischerweise automatischen Bewässerung bedarf.)

Das Wohngebäude (Typ B) hat eine Blattoberfläche von 100 m^2 als Durchschnitt der Vegetationsperiode[32] und kann bis zu 10 m^3 pro Tag verdunsten. Es muß an aufeinanderfolgenden Spitzentagen also bewässert werden, wenn man das Welken von Gräsern nicht in Kauf nehmen möchte.

Das Gewerbedach (Typ C) schließlich weist eine Blattoberfläche von 2,4 m^2 pro Quadratmeter Dachfläche auf und kann demnach nur 0,24 m^3 verdunsten.

Diese Mengen sind Werte für Spitzentage und nicht der Normalfall; über größere Zeiträume nähern sich die Leistungen einander an. Es wurde deutlich, daß die Wasserkapazität ausreicht, um selbst Starkregen aufzunehmen (r_{15} = 13,5 mm, s. 3.2.1).

Leistung im Sommer

Betrachtet man längere Perioden, zum Beispiel Juni bis August, so fallen in Braunschweig in den 90 Tagen durchschnittlich 200 mm Regen, auf die 200 m^2 Dachfläche unseres Beispieles also 444 Liter pro Tag. Davon wird Typ A praktisch alles, Typ B ca. 70% und Typ C ca. 50% verdunsten.

Auch *im Winter* wird (in erheblich geminderter Menge) Wasser verdunstet, obwohl keine Photosynthese stattfindet; hier tritt der Prozeß

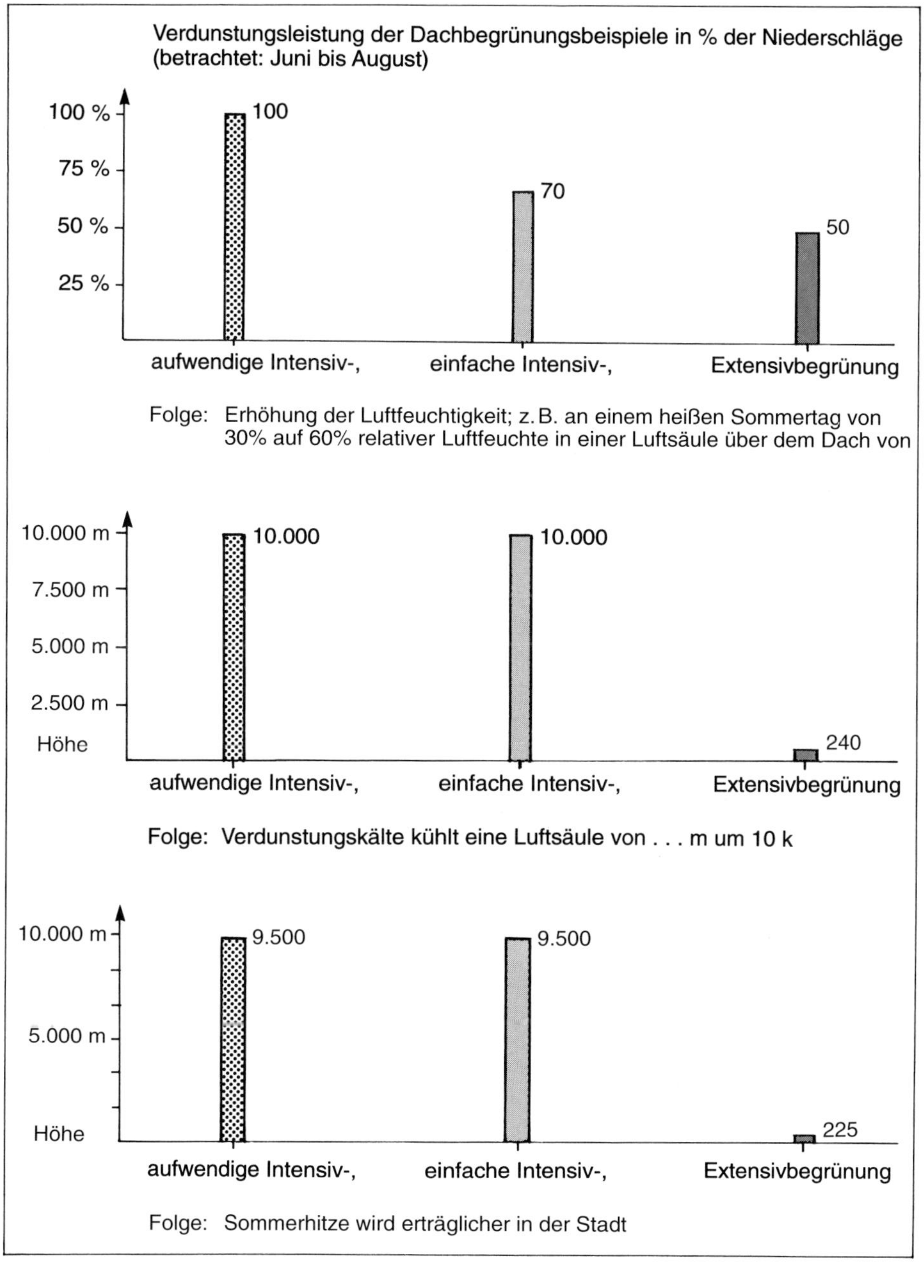

Abb. 14: Verdunstungsleistung der Begrünungstypen

der *Evaporation,* der Verdunstung aus dem meist stark porösen Substrat, in den Vordergrund, während er im Sommer gegenüber der Transpiration zurücktritt (aber weiterhin abläuft als Evapotranspiration).

Erhöhung der Luftfeuchte

Die oben berechnete max. Verdunstungsleistung von 50 l/m² Dachfläche kann für ca. 10 000 m³ Luft eine relative Luftfeuchtigkeit von 30%

verdoppeln. Bei der Dachfläche von 200 m² sind das fast 2 Mio. m³. (Der Wassergehalt von 1 m³ Luft bei Sättigung und 20 °C beträgt 17,2 g, bei 30% also 5,16 g; 50 Liter Wasser = 50 000 g;

$$\frac{50\,000\,\mathrm{g\,m^3}}{5{,}16\,\mathrm{g}} = 9689\,\mathrm{m^3}$$, d. h. ca. 10 000 m³ Luft auf 60% rel. Feuchte).

Diese enorme Leistung hat einen erheblichen Ausstrahlungseffekt auf das Mikroklima der Umgebung.

Das gleiche gilt für Typ B; Typ C hingegen verdunstet nur 1,2 Liter pro Quadratmeter Dachfläche und kann damit in 24 m³ Luft die relative Luftfeuchtigkeit von 30 auf 60% steigern, mit seiner ganzen Dachfläche also für ca. 46 000 m³ Luft.

Kühlende Wirkung

Durch diese *Verdunstung wird der Luft Wärmeenergie entzogen,* und zwar 592 cal je Gramm Wasser (bei 10 °C) oder 592 kcal/l Wasser. Bei einem Spitzenwert von 10 m³ verdunsteten Wassers pro Tag sind 6 Mio. kcal oder 6,9 MWh erforderlich; damit können 1,9 Mio. m³ Luft um 10 K abgekühlt werden. Das ist eine bedeutende Menge, mit der enorme Luftvolumina fühlbar kühler werden können. Da die Extensivbegrünung nur 1/40 der Blattoberfläche und Verdunstungsleistung der Intensivbegrünung hat, beträgt ihre kühlende Leistung im Sommer ebenfalls nur 1/40 der Intensivbegrünung; das bewirkt immerhin noch eine Abkühlung von 45 600 m³ Luft um 10 K pro Tag.

3.1.2 Beeinflussung von Luftbewegungen

Ursachen der Thermik

Bei intensivem Sonnenschein heizt sich ein übliches, wärmegedämmtes *Kiesdach* bis zu 50 °C auf (in Extremfällen noch mehr). Die darüber befindliche *Luft* wird ebenfalls *aufgeheizt,* verliert an Dichte und

Abb. 15: Einfluß von Dachbegrünungen auf die Luftqualität und -bewegung

steigt auf. Während die Luft der Randbereiche von den Seiten wieder gekühlt wird, nimmt dieser Effekt zur Dachmitte hin ab: Dort wird der *Luftstrom* am schnellsten und von den Seiten strömt Luft nach.

Über einem 100 m² Flachdach können Luftgeschwindigkeiten von 0,5 m/s entstehen, das entspricht Windstärke 1. Wäre unser Typ A nicht begrünt, würden wegen seiner doppelt so großen Dachfläche noch höhere Luftgeschwindigkeiten auftreten. An den Dachrändern kommt es zusätzlich zu Verwirbelungen.

Stadtklima

Diese Luftbewegung *reißt Staub mit sich,* der in höheren Luftschichten zur Ruhe kommt und später wieder herabrieselt. Das führt zum Entstehen der sogenannten *„Dunstglocken“* über den Städten. Sie mindern die Sonneneinstrahlung, die die Stadtoberfläche erreicht, werden dadurch selbst erwärmt und strahlen diese Energie nach oben, zu den Seiten, aber auch nach unten ab und erwärmen die umgebende Luft; es entwickelt sich eine Luftschicht über der Stadt, die wie die Scheibe eines Gewächshauses wirkt. Zugleich wird die Wärmeabstrahlung der Stadt in dieser Staubpartikel-Schicht zum Teil absorbiert, zum Teil reflektiert. Die Stadt heizt sich auf, wird durchschnittlich 2 bis 3 K, in Extrembereichen bis 6 K wärmer als das Umland.

Das Gründach beruhigt

Über einem *Gründach* hingegen steigen die Temperaturen nur 5 K über die Umgebungstemperatur, die dadurch entstehende aufwärts gerichtete *Luftbewegung* über der Dachmitte ist *gering,* die von den Seiten zur Mitte nachströmende Luft wird durch die Oberflächenrauhigkeit der Dachvegetation stark abgebremst. Diese Wirkung ist wiederum bei einer intensiven Dachbegrünung stärker als bei einer extensiven.

Das darüber hinaus der Luftfeuchte-Haushalt ausgeglichen wird, wurde bereits angedeutet: Niedrigere Luftfeuchtigkeit wird durch Verdunstung der Dachvegetation erhöht, bei hoher Luftfeuchtigkeit kommt es zu verstärkter Kondensation an der großen Blattoberfläche – gerade bei schwüler Witterung wird das als sehr wohltuend empfunden.

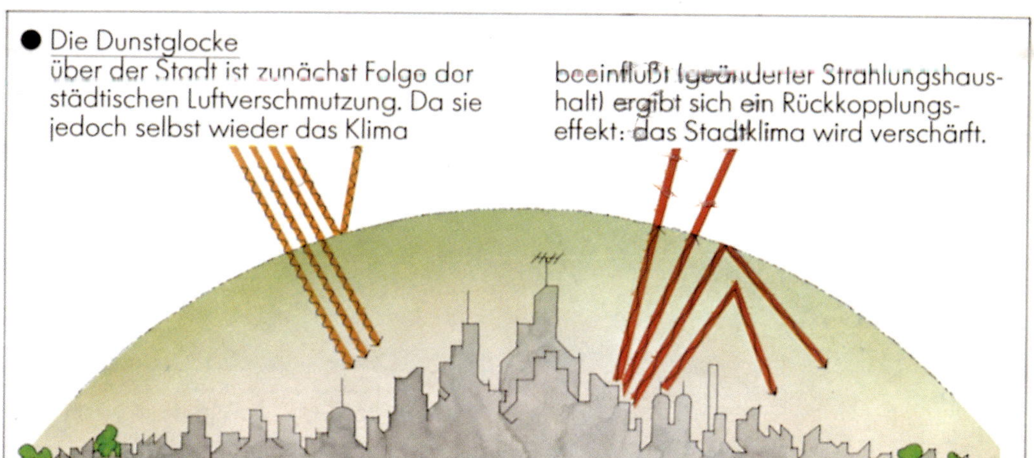

Abb. 16: Auswirkungen der Dunstglocke auf das Stadtklima

3.1.3 Staubbindung

Staubwirbel

Die schwarzen Flachdächer mit Kiesschüttung heizen sich – wie beschrieben – bei Sonnenschein stark auf, Wirbel reißen Staub- und Rußpartikel in die Luft und lassen sie später wieder herunterrieseln – ein fortdauernder Kreislauf, der die Schleimhäute der Atemwege belastet und kanzerogene Partikel, wie aus Dieselabgasen, ständig in die Atemluft hochwirbelt.

Wirkungsweise

Begrünte Flächen (wie Dächer) entwickeln nicht die Thermik versiegelter Flächen und unterbrechen in ihrem Einzugsbereich diesen Kreislauf; außerdem *filtern* sie *Schmutzpartikel* unmittelbar *aus der Luft,* die sich an den leicht feuchten Vegetationsteilen ansetzen oder vom dichten Graspolster aus vorbeistreichender Luft ausgefiltert werden. Bis zu 20% jeglicher Verunreinigungen dieser Luft werden so gefiltert und gebunden – im Verbund (zum Beispiel mit Fassadenbegrünung) sogar noch mehr.[33]

Nach einem aus anderen Vegetationsformen abgeleiteten und auf Dachbegrünungen sehr vorsichtig um den Faktor 10 heruntergerechneten Wert[34] kann ein Quadratmeter Grasdach mit einer Blattoberfläche von 100 m² ca. 0,2 kg Schmutz pro Jahr aus der Luft filtern. Für unsere Beispielfälle bedeutet das:

Filterleistung

Typ A hat eine Blattoberfläche von über 100 m² pro Quadratmeter Dachfläche, ebenso Typ B.[35] Typ A wird aufgrund seiner aufwendigen Intensivbegrünung der Filterleistung von Wald etwas näher kommen und (vorsichtig angesetzt) 0,3 Kilogramm Schmutz pro 100 m² Blattoberfläche und Jahr filtern. Da er insgesamt 20 000 m² Blattfläche aufweist, sind das also ca. 50 Kilo Schmutz pro Jahr. Diese Substanz wirkt zum Teil als Dünger und wird in Pflanzensubstanz umgesetzt. Durch Mahd und Schnitt bei der Pflege wird sie zum Teil wieder beseitigt und spielt daher für die Lastannahmen eine untergeordnete Rolle.

Typ B erreicht trotz gleicher Blattoberfläche diesen Wert nicht ganz, da die Halme so dicht stehen, daß nur der obere Teil von Luft durchströmt

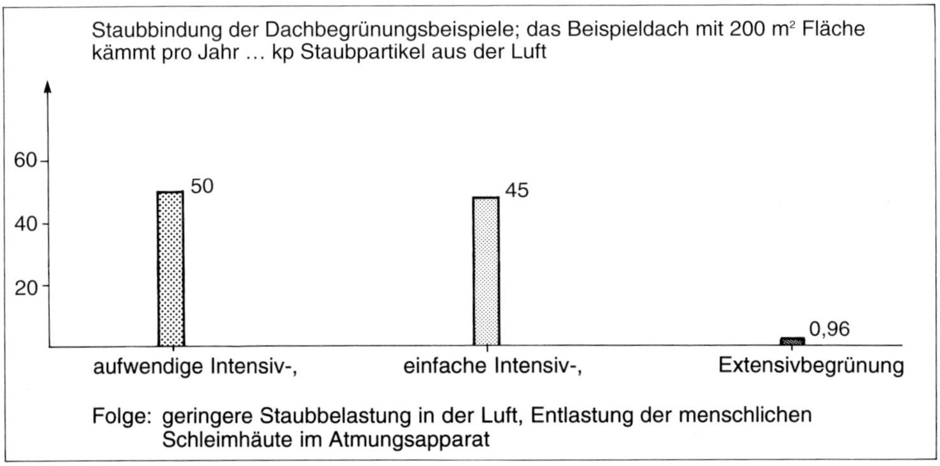

Abb. 17: Staubbindung der Begrünungstypen

wird. Typ C filtert bei 480 m² Blattoberfläche nur 0,96 Kilogramm Schmutz pro Jahr aus der Luft.

Extensivbegrünungen mit Moos-Sedum-Gesellschaften können also nur einen minimalen Beitrag beim Filtern, aber einen gewissen Beitrag bei der Verringerung der Verwirbelung leisten – je intensiver die Dachbegrünung ist, desto bedeutender ihr Beitrag zur Verbesserung der Luftqualität.

3.1.4 Sauerstoffproduktion

Vegetation entzieht der Luft durch Photosynthese Kohlendioxid und reichert sie mit Sauerstoff an. Dazu braucht sie Sonnenenergie und Wasser und produziert Glukose.

menschlicher O_2-Bedarf

Inwieweit dieser Effekt für das Mikroklima von Bedeutung sein kann, hängt von der verfügbaren Blattoberfläche ab : 1 m² produziert bei Sonnenschein gut 1 Gramm Sauerstoff pro Stunde, 25 m² erzeugen den Sauerstoffbedarf eines Menschen (unter Berücksichtigung der Nacht- und Winterperioden sind dafür 150 m² Blattoberfläche erforderlich[36]). Anhand unserer Beispielfälle soll die Leistung veranschaulicht werden:

O_2-Produktion des Gründachs

Typ A, das Bürogebäude, hat 200 m² Dachfläche á 100 m² Blattoberfläche; bei Sonnenschein können 21 Kilogramm Sauerstoff pro Stunde produziert werden. Im Jahresmittel deckt es den Sauerstoffbedarf von ca. 130 Menschen. Pro Tag können 300 Kilogramm CO_2 verbraucht werden, der Gehalt von 630 000 m³ Luft; damit wird ein kleiner Beitrag zur Verminderung der Treibhausgase geleistet.

Typ B, das Doppelhaus, hat im Jahresschnitt 100 m² Blattoberfläche je m² Dachfläche und kann mit seinem intensiv begrünten Dach den Sauerstoffbedarf von ca. 130 Menschen decken.

Typ C schließlich, die Gewerbehalle, hat 200 m² Dachfläche á 2,4 m² Blattoberfläche, das heißt insgesamt 480 m² Blattoberfläche. Es kann pro Stunde nur 0,48 Kilogramm Sauerstoff produzieren, im Jahresdurchschnitt den Bedarf von knapp 3,0 Menschen.

Kritik

Die Bedeutung der Sauerstoffproduktion durch Vegetation wird in der Literatur zum Teil kritisch gesehen („... ist sehr zurückhaltend zu beurteilen ...“[37]). Dabei wird angeführt, daß

- die Photosynthese nur tagsüber abläuft,
- sie im Winter nicht stattfindet,
- das Gras im Sommer ohne Bewässerung zum Teil vertrocknet.

Dazu ist anzumerken, daß

a) bei der Respiration (Atmung) nur $^1/_5$ bis $^1/_3$ der durch die Assimilation produzierten Substanzen wiederverbraucht wird,[38]
b) der Betrag im Frühjahr, Sommer und Herbst ebenfalls erheblich ist und der Ausfall im Winter in der o.a. Rechnung schon berücksichtigt wurde,
c) die Notwendigkeit der Bewässerung vom gewählten Begrünungssystem abhängt. Wie anhand der Beispieltypen gezeigt, erfordert die aufwendige Intensivbegrünung auf jeden Fall Bewässerung. Die

einfache Intensivbegrünung wird je nach Anspruch des Bauherrn bewässert, die extensive gar nicht (sie hat dafür aber auch die geringste Wirkung).

Kein globaler Beitrag

Es ist richtig, daß die Zersetzung organischer Stoffe wieder Sauerstoff verbraucht. Richtig ist auch, daß Gründächer keinen nennenswerten Beitrag zum globalen Sauerstoffgehalt der Atmosphäre leisten können. Doch selbst wenn sie nur in der Vegetationsperiode Sauerstoff produzieren, so bedeutet das *kleinräumlich* schon *eine Verbesserung* – gerade in großstädtischen Citybereichen. Wo Fußgänger wie z.B. in Japan wegen des Sauerstoffmangels schon Geld für „Sauerstoffduschen" aus dem Automaten an der Straßenecke ausgeben, kann umfassende Dachbegrünung eine Entlastung bedeuten.

3.2 Wasserhaushalt

Gründächer beeinflussen den lokalen Wasserhaushalt, indem sie Wasser speichern, durch Verdunstung und durch verzögertes Ableiten in das Kanalnetz wieder abgeben und bei diesen Vorgängen zugleich reinigen.

3.2.1 Speichern von Wasser

Die Speicherfähigkeit hängt von dem Material und der Stärke der Vegetationsschicht, zum Teil auch von Art und Ausbildung einer evtl. Drainschicht ab.

Speicherung und Gesamtniederschlag

In unseren Beispielen ist Typ A, das Bürogebäude, mit einer speziellen Drainplatte ausgestattet, die 25 Liter pro Quadratmeter Speichervolu-

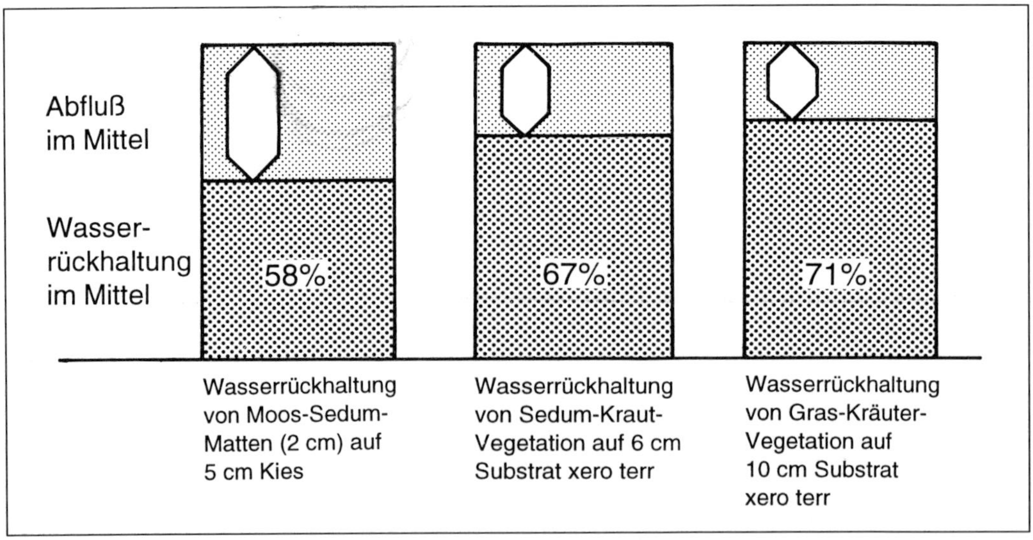

Abb. 18: Wasserrückhaltevermögen verschiedener Dachbegrünungsarten über längere Zeiträume

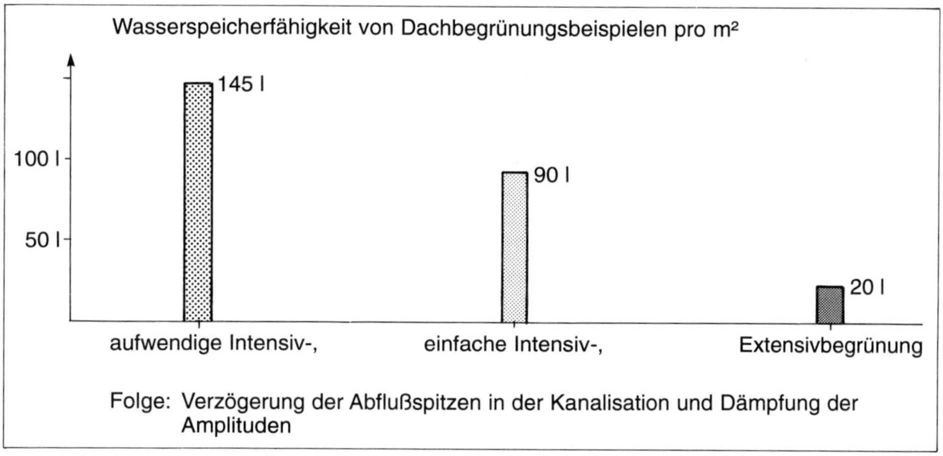

Abb. 19: Wasserspeicherfähigkeit der Begrünungstypen als Spitzenwerte

men als Anstaubewässerung besitzt.[39] Die darüber befindliche 30 cm starke Substratmischung kann zusätzlich 120 Liter pro Quadratmeter speichern.[40] Das Dach kann somit insgesamt 29 m³ Wasser aufnehmen, das heißt 145 mm Regen werden vollständig gespeichert. Das entspricht dem Niederschlag von fast 2 1/2 Monaten. Diese *Kapazität* beruht auf hohem Porenvolumen – die Struktur des Substrates ist hingegen *ausreichend* durchlässig, *um* selbst *Starkregen aufzunehmen* (Bemessungsregen: 13,5 l/m²), ohne daß er an der Oberfläche abfließt. Ein Regenfallrohr kann daher im Prinzip entfallen.

Typ B, das Wohnhaus, besitzt eine 20 cm dicke Blähton-Erde-Vegetationsschicht mit 90 Liter pro Quadratmeter Speicherkapazität (oder 18 m³ bei 200 m² Fläche). Es kann also etwa die Regenmenge eines Monats speichern (wobei zwischenzeitlich natürlich schon wieder Wasser verdunstet).

Typ C, die Gewerbehalle, hingegen kann mit ihrer 3 cm Substratplatte aus modifiziertem Schaumstoff und 2 cm Erdgemischüberdeckung lediglich ca. 20 Liter pro Quadratmeter aufnehmen. Dieser Wert repräsentiert die untere Grenze der Speicherfähigkeit von Gründächern; nach oben ist eine Steigerung über Typ A hinaus nicht sinnvoll, weil mehr Regen nicht fällt.

3.2.2 Verzögerung des Wasserabflusses

Bei einer harten Bedachung (mit Abflußbeiwerten von 0,5 bis 0,9) fließt das Regenwasser größtenteils durch die Kanalisation ab, und zwar mit geringer Zeitverzögerung nach dem Regenereignis. Das führt zu einer Druckwelle in den Kanälen und im Vorfluter mit den bekannten Nachteilen und hohen Kosten. Neben der in manchen Gebieten verstärkten Hochwassergefahr und entsprechend großem Aufwand zu deren Eindämmung fehlt die *Grundwasseranreicherung*, was Schäden für Vegetation und Grünflächen in der Stadt, aber auch an Holzpfahlgründungen (zum Beispiel von Kirchen) nach sich ziehen kann.

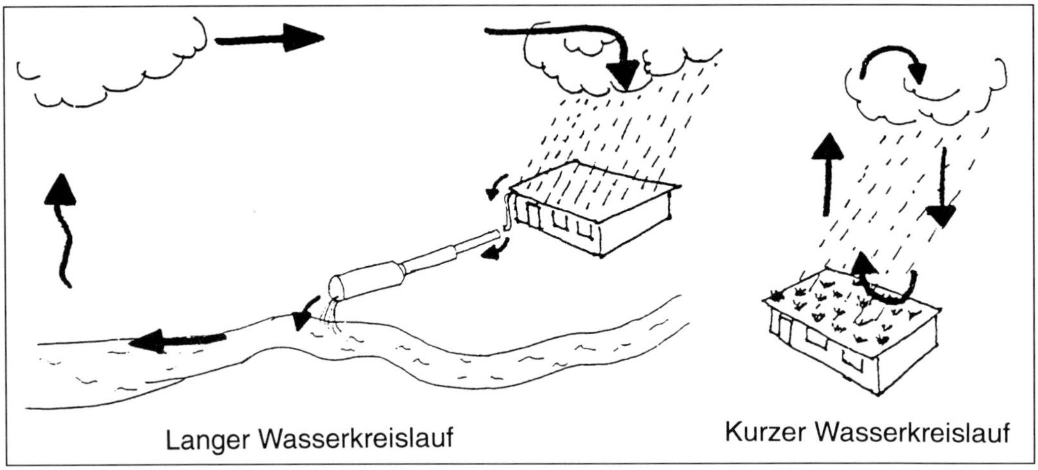

Abb. 20: Rückführung von Niederschlagswasser in Kreisläufe bei harter Bedachung und bei Dachbegrünung

Entlastung der Kanalisation

Das abgeflossene Wasser ist dem kurzen Wasserkreislauf (siehe Abb. 20) entzogen, in dem es noch viele Funktionen erfüllen könnte (z.B. Temperaturabsenkung, Luftfeuchteanreicherung, Mikroklimaverbesserung).

Das *Gründach dämpft* die *Amplitude des Abflusses und verzögert sie* gleichzeitig.

3.2.3 Reinigung des Regenwassers

Das Regenwasser enthält Schmutzpartikel und gelöste Stoffe wie Kohlen- und Schwefelsäure („saurer Regen"). Die Schmutzkörper werden im Gründach ausgefiltert. Die gelösten Stoffe können durch entsprechendes „Einstellen" des pH-Wertes des Substrates (zum Beispiel mit Kalksplitt), eine Zeitlang neutralisiert werden (letztlich muß die Luftverschmutzung aber am Ursprungsort verringert werden). Durch die Auswahl „industrieharter" Pflanzengesellschaften kann Schäden am Bewuchs infolge der Luftverschmutzung vorgebeugt werden.

Wasserfilterung

Von versiegelten Flächen werden insbesondere bei Starkregen nach Trockenperioden Straßenkehricht, organische Abfälle und Ablagerungen etc. abgewaschen. Eine Flutwelle mit dieser Schmutzfracht kommt auf Regenwasserrückhaltebecken und Vorfluter zu. Der Abbau dieser Schmutzlast bindet soviel Sauerstoff, daß zeitweiliger Mangel zum Fischsterben führen kann. Dachbegrünungen vermindern und verzögern diesen Abfluß, sie halten Ablagerungen und Partikel zurück und verringern damit den unerwünschten Effekt. So bildet das Gründach quasi eine *„Vorklärstufe auf dem Dach"* – was herausfließt, ist weitgehend gereinigt.

Auch die *Weiternutzung* des Regenwassers wird bei integrierten Hauskonzepten *ermöglicht* (Toilettenspülung, Waschen, Bewässern etc.).[41]

3.2.4 Auswirkungen auf die Kanalisation

Speicherung bei Starkregen

Bei einem Regenereignis kommt zunächst die Wasserspeicherfähigkeit zum Tragen. Wie in Abschnitt 3.2.1 dargestellt, liegt sie zwischen 20 und 145 l/m² für unsere Beispieltypen, die für die Bandbreite von Dachbegrünungen repräsentativ sind. Ein r_{15}-*Regenereignis* (= 15minütiger Regen als Bemessungsgröße für Braunschweig) mit 150 l/s·ha entsprechend 13,5 l Regen/m² *kann von Dachbegrünungen* – inklusive Benetzung – *aufgenommen werden.* (Wegen der in der Regel hochporösen Materialien ist ein ausreichend schnelles Eindringen des Regens möglich, so daß nicht mit oberflächig vom Dach abfließendem Niederschlagswasser gerechnet werden muß.) Der Durchschnittswert liegt nach Einzelmessungen mit definierten Regenspenden an einem 12-cm-Aufbau bei 70% Rückhaltefähigkeit, da nicht jeder Regen auf völlig trockenes Substrat mit maximaler Kapazität trifft. (Der Wert erreicht im Winter 40–50%.)

Im Mittel wird dieser Wert durch Langzeitmessungen über drei Jahre an Extensivbegrünungen mit Vegetationsschichtdicken zwischen 2 und 16 cm bestätigt.[42] Die restlichen 30% werden zeitverzögert an die Kanalisation abgegeben (sofern sie nicht versickert oder weiterverwendet werden) – nach den o. a. Versuchen kann die Verzögerung mehrere Stunden betragen.

DIN-Abflußbeiwert

Die *Abflußbeiwerte,* die bei einem Pappdach bei 0,9 liegen, fallen beim Gründach erheblich; nach Versuchsreihen reduzieren sie sich bei Intensivbegrünungen *auf 0,1*[43], *bei Extensivbegrünungen* ab 8 cm Substratstärke auf *0,3,* bei den *extrem* dünnen Extensivbegrünungen auf *0,5*[44]. Der nach DIN 1986 für Dachgärten nun zulässige Wert von 0,3 ist also für aufwendige Intensivbegrünungen noch zu ungünstig, bei Extensivbegrünungen (mit Ausnahme der Extremvarianten) trifft er aber zu.

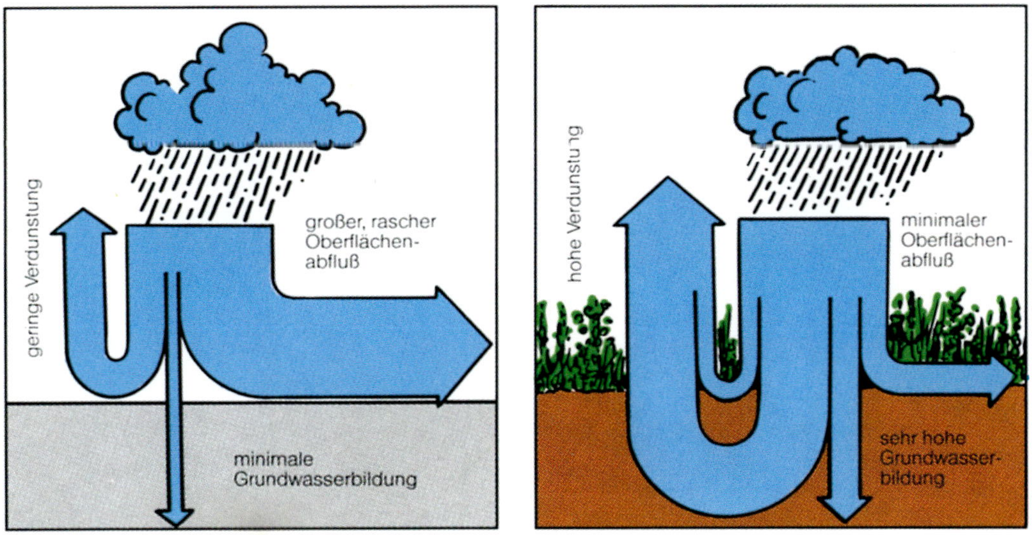

Abb. 21: Verhältnis des abzuführenden Regenwassers zum Gesamtniederschlag bei harten und begrünten Oberflächen

Kostenersparnisse

Die Reduzierung der Abflußmenge und die Zeitverschiebung erlauben – *bei großmaßstäblicher Anwendung* z.B. in neuen Gewerbe- oder Wohngebieten – eine *geringere Dimensionierung der Kanalisation,* wodurch Material- und Verlegekosten verringert werden. Diese Folge erwies sich bereits in der Praxis als zutreffend, z.B. bei der Grasdachsiedlung Kassel-Frasenweg. [45]

Die Filterwirkung von Gründächern verringert die Schmutzfracht vom Niederschlagswasser und vermindert die Gefahr, daß sich zeitweilig vorhandene Verschmutzungen im Kanal weiter zusetzen oder es zu Ablagerungen kommt. Die Annäherung der Abflußmengen bei Trocken- und Regenwetter erlaubt eine geringere Dimensionierung der Mischwasserkanäle; bei Trockenwetter konzentriert sich die Spülwirkung dadurch auf eine geringere Sohlbreite und die Gefahr von Ablagerungen wird reduziert.

3.2.5 Folgen für Kläranlagen und Vorfluter

Wirkungen...
... auf das Mischsystem

Zu unterscheiden ist zwischen Misch- und Trennsystem: Beim Mischsystem wird durch die Speicherwirkung von großmaßstäblich angelegten Gründächern die *Kläranlage* bei den Abflußspitzen *entlastet,* für die sie ausgelegt wurde. Das hygienisch gefährliche und für die Wasserqualität bedenkliche Abschlagen von ungeklärtem Mischwasser direkt in den Vorfluter (bei Überschreitung der Kapazitätsgrenze der Kläranlage) wird reduziert.

Rückstauereignisse, die bei nicht funktionierenden Rückstauverschlüssen Mischwasseranstau im Keller bescheren, *werden* wegen Verringerung der Abflußspitzen *abnehmen.* Sind Pumpstationen erforderlich, werden die Bau- und Betriebskosten auch hier wegen des verringerten Durchflusses niedriger.

Abb. 22: Auswirkung umfangreicher Dachbegrünung in einem Stadtteil auf die Menge und den Verschmutzungsgrad des abzuleitenden Niederschlagswassers

Bei Regen treten Probleme in den biologischen Reinigungsstufen auf, weil plötzlich ein Vielfaches der Wassermengen verarbeitet werden muß, aber die BSB_5-Werte durch die Verdünnung mit dem Regenwasser stark abfallen. Diese Probleme werden bei verbreiteter Dachbegrünung verringert, da die Wassermenge bei Regen nicht so stark ansteigt und die Konzentration demnach nicht so abfällt.

... auf das Trennsystem

Beim Trennverfahren können bei großmaßstäblicher Anwendung der Dachbegrünung die Regenwasserkanäle enorm verkleinert werden oder ganz entfallen (z. B. in den Erschließungswegen der „Laher-Dachwiesen“ in Hannover wegen Versickerung von Restregenwasser).

Der Nachteil des Trennverfahrens, daß Regenwasser ungereinigt in den Vorfluter gelangt, wird verringert, weil bei Dachbegrünung das Dachflächenwasser bereits einen wirksamen Filter durchlaufen hat – der Schmutzstoß abgewaschenen Staubs von harten Dachflächen entfällt bei Gründächern.

Da bei Misch- und Trennsystemen die Dimensionierung maßgeblich vom Starkregenereignis bestimmt wird (das das 60- bis 200fache des Schmutzwasserabflusses betragen kann), liegt bei der Niederschlagsentwässerung der entscheidende Hebel zur Kostenreduzierung – Dachbegrünungen sind ein wirksames Instrument dazu und haben gegenüber anderen Möglichkeiten (Zisternen o. ä.) den Vorteil ihrer vielfältigen anderen positiven Auswirkungen (s. Abschnitt 2 und 3).

3.3 Materialhaushalt

3.3.1 Materialhaushalt bei Intensivbegrünungen

Input/Output

Beim Bau eines Gründaches werden Schutzbahnen, Drain- und Filterschicht, ggf. eine Schicht für Anstaubewässerung, Substrat sowie Pflanzen und Samen auf das Dach gebracht. Bei den aufwendigen Intensivbegrünungen sind später periodisch neue Pflanzen und Dünger hinzuzufügen, abgestorbene und abgeschnittene Pflanzenteile wieder zu entfernen.

Ein direkter Materialkreislauf durch Kompostierung dürfte bei den extrem leichten Substraten die Ausnahme sein.

Bei den *einfachen Intensivbegrünungen* kann schon eine einzige Schicht über der wurzelfesten Dachabdichtung die Funktionen Drainen, Filtern, Wasserhaltung und Substrat übernehmen.

Düngen und Schnitte sind nur ausnahmsweise erforderlich und können je nach Pflegefreudigkeit des Bauherrn oder Nutzers terminiert und durchgeführt werden.[46] Neueinsaaten oder -pflanzungen sind nicht der Regelfall.[47] Nach dem Bau ist dieses *System* also *in sich* ohne Materialzu- und -abfuhr *stabil.*

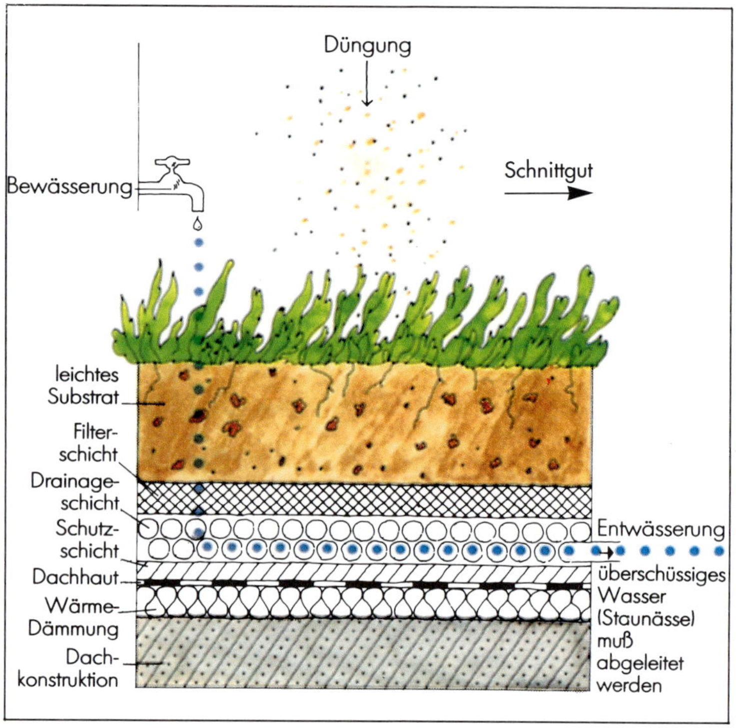

Abb. 23: „Input/Output" bei Intensivbegrünungen

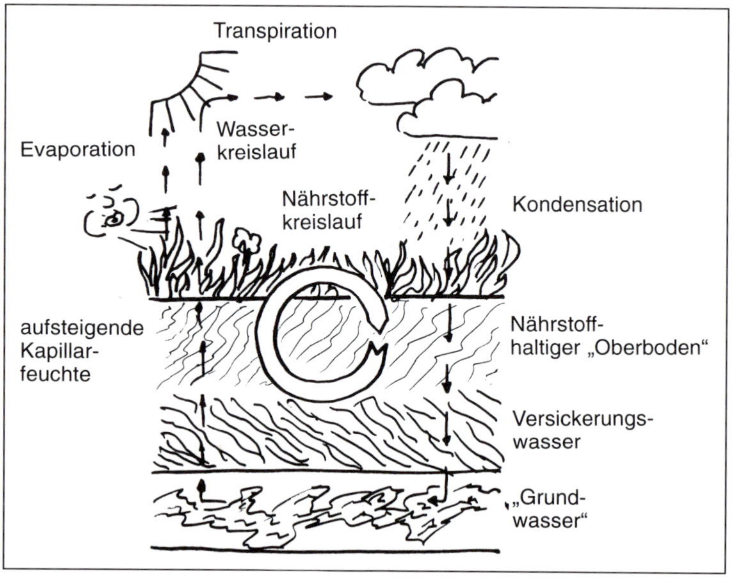

Abb. 24: Materialkreislauf bei Extensivbegrünungen

3.3.2 Materialhaushalt bei Extensivbegrünungen

Neben der (wurzelfesten) Dachabdichtung kommt beim Gründach anstelle einer evtl. Kiesschüttung eine Mehrfunktionsplatte, eine Substratschüttung und Vegetation aufs Dach.

Materialkreislauf

Abgesehen von einer Startbewässerung kommt nichts mehr hinzu, und es wird nichts wieder entfernt; Mähen, Schneiden und Düngen sind bei den vorgegebenen Pflanzengesellschaften nicht erforderlich. Der Materialkreislauf ist also in sich geschlossen, nur der Staubeintrag aus der Luft dient als Dünger.

3.3.3 Umweltverträglichkeit der Gründachmaterialien

Eine „bittere Pille" für den umweltbewußten Bauherrn können die Materialien sein, aus denen ein Gründach heute aufgebaut wird. An die Stelle der nicht mehr zeitgemäßen Birkenrinde und Grassoden sind getreten:

- bei den Dichtungsbahnen früher Steinkohlenteer, der zwar wurzelfest, aber auch giftig ist; heute Kunststoffbahnen aus *Thermoplasten* (wie PVC) und *Elastomeren* (wie EPDM u.a.)[48], die durch die Beimengung von Giftstoffen wurzelfest werden[49] (sogenannte Ausrüstung mit bioziden Stoffen[50]), bei der Produktion viel Energie bedürfen und schädliche *Emissionen* verursachen (zum Beispiel Vinyl-Chlorid-Emissionen bei der Produktion von PVC).
- bei den darüberliegenden Vliesen zum Schutz der Dichtungsbahnen wiederum *Kunststoffe* und -fasern.
- bei den Drainschichten *Schaumkunststoffe* wie Styropor, Polystyrol bzw. Polyurethan, auch Schaumkunststoffflockenmatten, Hartkunststoff-Drainelemente etc.
- als Filterschicht Vliese und Matten aus *Kunstfasern,* wie Spinnvliese, aber auch als Glasfaservliese.
- als Substrat zum Teil *Verbundschaumplatten* mit eingebauten Düngemitteln, Mineralstoffen und Sorptionsträgern oder Mischungen aus Gartenerde, Hygromull und Styroporflocken.

Kunststoffe und Schäume

Unverträglichkeiten

Einzelne Systeme haben zusätzlich Krallmatten oder Abdeckungen aus Polypropylengewebe etc. Weitere Probleme können auftauchen, wenn Kunststoffe untereinander oder mit Bitumen nicht verträglich sind, etwa bei bituminösen Abdichtungen und nicht bitumenverträglichen PVC-Weich-Abdichtungen oder zwischen Polystyrolwärmedämmstoffen und bituminösen Abdichtungen.[51] Abgesehen vom Energiebedarf und den umweltschädigenden Emissionen bei der Produktion all dieser Kunststoffe tritt später das *Entsorgungsproblem* auf – wohin mit dem kunststoffdurchsetzten Substrat, den biozid ausgerüsteten Bahnen etc.? Bauschutt macht schon heute rund die Hälfte des Müllgewichtes aus. Eine Trennung der Materialien in Inertes, Erden, Sande, Kiese, Ziegelbruch, verschiedene Metalle und Kunststoffe etc. wird unausweichlich. Schließlich können schädliche Wirkungen durch freiwerdende gasförmige Stoffe, wie *Weichmacher,* Lösungs- und Imprägnierungsmittel, oder auch durch direkten Stoffkontakt auftreten. Werden Quellschweißmittel benutzt, entstehen *Lösungsmitteldämpfe.*[52]

Forderungen

Maßnahmen auf verschiedenen Ebenen sind hier erforderlich:

- Entwicklung umweltfreundlicher Herstellungsverfahren und -produkte durch die Industrie,
- Kennzeichnung umweltschädigender Materialien und
- Begrenzung des Schadstoffausstoßes bei der Herstellung durch den Gesetzgeber,
- Wahl möglichst umweltfreundlicher Produkte durch Architekten, Landschaftsplaner, Dachgärtner und Verbraucher.

Material der Beispieltypen

Für die in diesem Buch benutzten drei Beispieltypen wurde

- bei Typ A (Bürohaus) ein Aufbau mit PS-Hartschaumelementen gewählt, die FCKW-frei hergestellt werden,[53]
- bei Typ B (Wohnhaus) ein Aufbau aus entsorgungsfreundlichem und kunststofffreiem Blähton-Erde-Gemisch, bei dem nur bei einer Ausführung als Umkehrdach Dämmplatten und ein 3 mm Polyestervlies negativ zu Buche schlagen,
- bei Typ C (Gewerbehalle) ein Systemaufbau mit einer Substratplatte mit Drainfunktion, die ein Recyclingprodukt ist.[54]

Ökobilanz gefragt

In einer „ökologischen Gesamtbewertung" wären die schädlichen Wirkungen bei Produktion, Verarbeitung und Entsorgung den positiven ökologischen und technischen Wirkungen gegenüberzustellen und zu bewerten.

3.4 Gründach als Lebensraum

Das Gründach bietet Lebensraum für Menschen, Tiere und Pflanzen.

3.4.1 ... für den Menschen

Nutzbare Freiräume

In innerstädtischen Lagen fehlen wegen der dichten Bebauung Möglichkeiten, ins Freie zu gehen und „im Grünen" zu sein. Das führt dazu, daß dieses Bedürfnis unterdrückt wird oder daß man in Parks gehen bzw. über die Stadtgrenzen hinaus fahren muß. Der dadurch entstehende Verkehr mindert wiederum die Lebensqualität in der Stadt und kostet zudem Zeit.

Begrünte Dächer können zu diesem „Freizeitstreß" eine Alternative bieten:

attraktive Kontraste

Statt wie ein Eigenheimbesitzer in den Garten zu gehen, geht man auf das Dach. Gleichzeitig im Grünen, aber auch über den Dächern der Stadt zu sitzen – diese *Nähe von Urbanität und Idylle* macht einen besonderen, einzigartigen Reiz aus. Die unmittelbare Zuordnung zu Wohnung oder Büro gibt Gelegenheit, das Angebot auch *für kurze Zeit* und/oder häufig zu nutzen. Blickbeziehungen zu Kirch- oder Wassertürmen oder in die Ferne machen Dachgärten besonders attraktiv.

„Naherholung"

Für *Menschen mit eingeschränktem Aktionsradius* sind sie häufig die einzige Möglichkeit, ins Grüne zu kommen. So wurden bei Alters-

Abb. 25: Grüne Oase inmitten der Stadt

Abb. 26: Gärten über den Dächern der Stadt

heimen Intensivbegrünungen auf den Dächern realisiert, ebenso bieten sich in der Stadt Krankenhäuser oder Kindergärten an.

Ungeachtet der Luftqualität züchten manche Dachgärtner Kräuter und Tomaten – der ideelle Wert des „Selbstproduzierten" wird höher gewichtet als mögliche Schadstoffeinträge.

In wirtschaftlichen Unternehmen wird zunehmend erkannt, daß ein Heraustreten ins Grüne als kurzes *„Abschalten und Entspannen"* die Konzentrationsfähigkeit und Kreativität geistig Tätiger erhöht – Bürogebäude werden daher vermehrt mit aufwendigen Intensivbegrünungen auf vorgelagerten Flachdachumbauungen ausgeführt.

Dachgarten statt Schrebergarten

Für Eltern, die ihre Kinder unbeobachtet auf ein Stück Rasen vor dem Haus krabbeln lassen wollen, kommt oft nur ein Umzug in ein Reihenhaus am Stadtrand oder (wegen der Grundstückspreise) im weiteren Umland in Frage; der dadurch erzeugte Verkehr verstärkt den Stau am Innenstadtrand, der oft erforderliche Zweitwagen beschneidet das Familienbudget erheblich. Ein Dachgarten kann eine Alternative sein – statt im Stau zu stehen, liegt man schon im Liegestuhl.

3.4.2 ... für Fauna

Ob auf dem Dach ein vielfältiger Lebensraum entsteht, hängt maßgeblich von der Substratschichtdicke und den gewählten Materialien ab.

Bodenleben

Bei einer aufwendigen Intensivbegrünung mit Substratstärken über 30 cm kann (sofern nicht ein vollsynthetischer Aufbau mit Glaswolle, Schaumstoff oder Styroporflocken etc. als Substrat-„Ersatz" gewählt wird) ein Bodenleben entstehen, das „erdschlüssigem" Boden ähnlich, wenn auch nicht ganz so artenreich ist. Je extensiver das Gründach ist,

Abb. 27: Dachgartenanlage auf dem Altenheim Freising

desto reduzierter wird das Bodenleben. Im Beispielfall Typ A wird es vielfältig, im Typ B noch interessant, im Typ C (Substratplatte + 2 cm Substrat) auf Bodenbakterien und wenige Kleinstlebewesen beschränkt sein.

Schmetterlingsweide

In jedem Fall aber ist das Gründach ein Lebensraum für Insekten und dient ihnen zum Teil auch als Nahrungsquelle. So kann man auf dem Blütenteppich einer einfachen Fetthennenflur Schmetterlinge und Heuschrecken finden. Ihnen folgen wiederum Vögel, denen aufwendigere Begrünungen auch als Nistmöglichkeit und Kinderstube dienen können.

Trittsteine

Kleinere Dachbegrünungen, die als Lebensraum nicht ausreichen, können „Trittsteinfunktion" bekommen. Wie Verkehrsinseln für Fußgänger, so ermöglichen Trittsteine auch für Tiere ein Durchqueren einer bedrohlichen Barrikade auf dem Weg zu einem anderen Lebensbereich.

Damit tragen Gründächer zur Biotopvernetzung bei. Je extensiver sie genutzt werden, desto ungestörter ist das Tierleben darauf.

3.4.3 ... für Flora

Standortfaktoren

Je nach Lage, Besonnung, Wind und Niederschlagsverhältnissen und nach Substratstärke, Material und gewähltem System können Gründächer zu Standorten für unterschiedliche Pflanzengesellschaften werden. Die meisten Spielräume bestehen wiederum bei aufwendigen Intensivbegrünungen, wo Kräuter, Gräser, Stauden, Hochstauden und selbst Bäume zu großer Vielfalt kombiniert werden können.

Besondere Lagen, etwa vor oder hinter Fassadenteilen, die über die begrünte Dachfläche hinausragen, können Standortbedingungen südlicher oder nördlicher Länder bewirken.

Steuerungsmöglichkeiten

Von Anstaubewässerung bis zur dünnen Substratplattenbegrünung können verschiedenste Wasseransprüche, durch „Einstellen" des Substrates verschiedene Bodenansprüche befriedigt werden.

Extremstandorte

Ist der Spielraum bei Intensivbegrünungen am höchsten, so haben doch auch Extensivbegrünungen ihre Berechtigung, denn die „normalen" Standorte sind noch zahlreich, während besonders feuchte und besonders trockene Standorte aus Sicht des Natur- und Artenschutzes hohe Bedeutung haben. Vom kleinen Teich in der Intensivbegrünung bis zur Simulation xerothermer (= trocken-warmer) Standorte läßt das Gründach viele Möglichkeiten.

Moose und Sukkulenten, Zwiebeln und Knollenpflanzen, Gräser, Kräuter, Wildstauden und Gehölze finden ihren Platz. Für Extensivbegrünungen haben sich insbesondere Moos-Sedum-Begrünungen und Sedum-Gras-Kraut-Begrünungen mit je 10 *bis 40 Arten* bewährt.

Sollen Gründächer als Ausgleich für überbaute Lebensräume dienen (s. Kapitel 6), so ist zu prüfen, ob ähnliche Lebensbedingungen auf dem Dach neu geschaffen werden können. Da dies nur in beschränktem Umfang gelingen kann, sollten andere Maßnahmen auf dem Grundstück (wie Fassadenbegrünung, Pflanzungen, Versickerung etc.) flankierend zur Anwendung kommen. Fachmännische Planung kann hier zu guten Ergebnissen führen, die windexponierte, nährstoffarme und kaum speichernde Extensivbegrünung (die eine alpine Vegetation erfordert) würde – vom Laien bei einer verschatteten Dachfläche angewandt – zwangsläufig scheitern.

Abb. 28: Gründach als neuer Lebensraum für Pflanzen und Tiere

4 Subjektive Beurteilung von Technik und Umweltwirkungen

4.1 Technik

Kritik an Gründächern gibt es in technischer Hinsicht, weil es anfangs zu Durchfeuchtungen kam und Anschlußdetails schlecht gelöst wurden.

Lehrgeld gezahlt

Die Durchfeuchtungen sind auf vor Ort schlecht verschweißte Nähte bzw. Lufteinschlüsse in Nähten zurückzuführen, die durchwurzelt wurden. Die mangelnde Kenntnis dieser Schweißtechnik bzw. die mangelnde Sorgfalt gehörte zu den Kinderkrankheiten der Gründächer. Inzwischen können erfahrene Dachdecker und -gärtner lange Referenzlisten vorlegen; wem das Risiko trotzdem zu groß scheint, der kann statt der bei Wind und Wetter auf der Baustelle verschweißten Dichtungsbahn die im Werk unter optimalen Bedingungen mit allen Anschlüssen vorgefertigte Plane wählen.

Bei Anschlußdetails können „im Substrat verschwindende" Anschlußprofile für die seitlich hochgezogene Dichtungsbahn etc. spätere Schäden verursachen. Auch hier gilt, daß erfahrene Planer autodidaktischen Handwerkern, Baustoffhändlern und Bauzeichnern vorzuziehen sind.

Erfahrung unerläßlich

Bei der Ausführung von Gründächern gibt es „Pfusch am Bau" wie in allen anderen Baubereichen. Die Dachdichtung gehört daher nicht in die Hände von ominösen Subunternehmern, ungeschickten Heimwerkern und Schwarzarbeitern – Fachkräfte sind gefordert, eine verantwortungsbewußte Bauleitung verhütet Schäden für den Planer und den Bauherrn. Wer hier spart, spart am falschen Fleck.

Wirkungen relativ

Kritische Stimmen warnen vor einer Überschätzung der Wirkung von Dachbegrünungen:

1. Ihre Sauerstoffproduktion sei minimal im Vergleich zum Sauerstoffverbrauch des Verkehrswesens.
2. Bezogen auf die Fläche Deutschlands sei der Flachdachanteil und das in Gründächern potentiell vorhandene Wasserspeichervermögen sowie die Verdunstungsleistung gering.
3. Die täglich neue Bodenversiegelung von 160 ha könne durch Dachbegrünung nicht kompensiert werden.
4. Die klimatischen Wirkungen beschränkten sich auf das Gebäude und die nähere Umgebung etc.

Das ist alles richtig. Globale Wirkungen werden in diesem Buch daher auch nicht behauptet – sie sind vielmehr lokal, für bestimmte Zeiten und für das Mikroklima ermittelt worden. Und lokal kann die Einsparung von Kanalanschlüssen und dergleichen doch sehr wohl etwas bewirken.

Richtig ist auch, daß *einzelne Wirkungen* der Dachbegrünung *auf andere* Weise erzielbar sind (z. B. die wärmedämmende Wirkung durch zusätzliche Dämmstoffschichten); solche technischen Einzellösungen haben aber nicht die Multifunktionalität der „natürlichen" Lösung mit Vegetation (s. Kapitel 3).

Wenig hilfreich ist die Argumentation „Beim Dach bringt's nichts, beim Verkehr ist anzusetzen" – Inhalt dieser Untersuchung ist nicht „Umweltschutz in Deutschland", sondern „Wirkungen der Dachbegrünung". (Es geht nicht darum, Äpfel mit Birnen zu vergleichen und zu entscheiden, ob Äpfel oder Birnen besser sind) – Es geht um die Frage, ob positive Wirkungen vom Gründach ausgehen und welche Größenordnung sie haben. Statt „X ist besser als Y" ist es sinnvoller, die Möglichkeiten und Chancen von X und Y auszuloten und anschließend zum optimalen Gesamtnutzen zu kombinieren.

Sinnvolle Teile von Gesamtkonzepten

Und statt den Verkehrsumfang oder ineffiziente Energieerzeugung anzuprangern, soll ein Bereich untersucht werden, in dem der Stadtplaner eigene Gestaltungsmöglichkeiten hat.

Das bedeutet aber *nicht,* daß Dachbegrünung zu einem *Feigenblatt* für ungebremste Flächeninanspruchnahme und Zugriffe auf empfindliche Räume werden darf – so soll diese Untersuchung auch nicht mißverstanden werden.

4.2 Ästhetische Fragen

Dachwiesen ungewohnt

Dachbegrünungen mit 60 cm hohen Gräsern können nach heftigem Wind „struppig", nach langandauernden Hitzeperioden braun und trocken wirken. Bei bestimmten Extensivbegrünungen kann im Spätsommer nach der Grasblüte eine Braunfärbung auftreten. So hat zum Beispiel die Grasdachsiedlung in Hannover-Lahe manchen Betrachter in seinem ästhetischen Empfinden gestört.

Städtebauliche Relevanz

Wo kann das vorkommen und was ist dagegen zu tun? Zu differenzieren ist zwischen geneigten und flachen Dächern, vom öffentlichen Straßenraum einsehbaren, nur aus anderen Gebäuden einsehbaren und nicht einsehbaren Dächern. Städtebaulich (in ästhetischer Hinsicht) relevant sind in erster Linie die vom öffentlichen Straßenraum aus sichtbaren Gründächer. In ebenem Gelände dürfte es sich dabei in der Regel um geneigte Dächer handeln, flache werden – wenn überhaupt – nur von Gebäuden aus einsehbar sein.

Ob geneigte Dächer einsehbar sind, hängt vom Neigungswinkel und vom Blickwinkel des Betrachters ab. In engen Straßenräumen mit höherer Bebauung können auch geneigte Dachflächen von unten nicht einsehbar sein. Sind sie dagegen einsehbar und ist zu befürchten, daß „struppiges" Aussehen stören würde, so muß gleich zu Anfang bei der Planung des Gründachs gegengesteuert werden. Solche Bilder können vermieden werden, wo sie nicht gewünscht sind, ohne daß auf die Dachbegrünung verzichtet werden muß: durch Wahl von Substratmaterial und -stärke, durch „Einstellen“ des Nährstoffangebots und anderer Bodeneigenschaften, durch Wahl des Begrünungssystems, durch die richtige Entscheidung zwischen aufwendiger oder einfacher Intensiv- oder Extensivbegrünung, durch Auswahl geeigneter Pflanzengesellschaften unter Berücksichtigung des Standortes, des Samenanfluges etc.

Steuerungsmöglichkeiten

Tab. V: Begrünungstypen und mögliche Konfliktfälle

Dachneigung	Begrünungstyp		Einsehbarkeit vom öffentlichen Straßenraum aus (bei ruhiger Topographie)	Einsehbarkeit von Gebäuden aus	nicht einsehbar
ohne (1,5 – 3%)	Intensiv	aufwendig	–	z.T.	i. d. R.
		einfach	–	z.T. XXX	i. d. R.
	Extensiv		–	z.T. XXX	i. d. R.
geneigt	Intensiv	aufwendig	z.T.	z.T.	z.T.
		einfach	z.T. XXX	z.T. XXX	z.T.
	Extensiv		z.T. XXX	z.T. XXX	z.T.

XXX: ästhetische Probleme möglich

Wie die Tabelle V zeigt, sind bei zwei Dritteln der möglichen Fallkonstellationen von vornherein keine Probleme zu erwarten, beim restlichen Drittel sind zum Teil Probleme möglich. Bei aufwendigen Intensivbegrünungen wird es kaum Probleme geben, da diese Systeme fast wie Gärten gestaltet und bepflanzt werden können. Bei einfachen Intensivbegrünungen können einseitige artenarme Gesellschaften langhalmiger Gräser bei bestimmten Boden- und Feuchtigkeitsverhältnissen zeitweise unschön wirken (bei der erwähnten Siedlung in Hannover war die Artenarmut am Anfang durch die Fertigbegrünung mit Rollrasen bedingt).

Bei Extensivbegrünungen ist das Abstimmen von Vegetationen auf die Beschaffenheit, insbesondere die Wasseraufnahmefähigkeit des Substrates, besonders wichtig, weil die Schichten hier extrem dünn sind – falsche Pflanzen gedeihen nicht und sind unansehnlich; die richtige Pflanzenwahl kann hingegen ein vielfältiges Bild bieten (manche Pflanzengesellschaften von Gründächern haben über 40 Arten), das sich im Verlauf der Jahreszeiten interessant verändert. Durch Mulden, Aufhöhungen, zwischengestreute Steine etc. können *unterschiedliche*

Kenntnisse gefragt

Mikrostandorte mit jeweils charakteristischen Erscheinungsformen geschaffen werden, *die das Erscheinungsbild* weiter *bereichern.*

Schließlich kann später durch (partielle) Mahd, also Abmagerung, oder durch (partielle) Düngung weiter differenziert werden, wo dieser Aufwand gewünscht wird.

4.3 Akzeptanz

Der Anblick begrünter Dächer kann ebenso spontane Begeisterung wie spontane Ablehnung hervorrufen. Soweit die Ablehnung auf einer unschönen Erscheinung beruht, wurde im vorigen Unterabschnitt darauf eingegangen, wo solche Probleme auftreten können und wie ihnen begegnet werden kann.

Irritationen und Überraschungen

Die Ursachen der Ablehnung können zum Teil in unseren *Sehgewohnheiten* liegen. Wir erwarten keine Wiese auf dem Dach, schon gar nicht auf einem Steildach – das Empfinden einer „Störung“ beruht also zum Teil auf einer Störung unserer Erwartungshaltung. Die Störung kann negativ erlebt werden, aber auch Überraschung auslösen und Aufmerksamkeit erregen.

Mancher mag bei Häusern mit Gründach „Höhle“ assoziieren: das findet der eine ungemütlich, der andere fühlt sich an archaische Wohnformen zurückerinnert. Mancher assoziiert auch „Nest“ und fühlt sich behaglich. Wer nicht darin wohnen möchte, kann gleichwohl bei Gewerbe- u. a. -hallen, bei Büros, Garagen und allen Arten von Nebengebäuden breite Anwendungsmöglichkeiten sehen.

Abb. 29: Vegetationsformen mit langen Gräsern sind ungewohnt

Das Gründach auf heutigen Bauten ist etwas Neues, und Neues wird je nach Einstellung zurückhaltend oder erfreut aufgenommen. Mit Sicherheit aber haben Dachbegrünungen eine große Resonanz: Das Beispiel der Grasdachsiedlung in Hannover ging nicht nur durch alle Fachzeitschriften, sondern auch durch die populären Bau- und Wohnzeitschriften. Der Tenor war ganz überwiegend so positiv, daß die Siedlung bald als „Laher Dachwiesen" bekannt wurde (obwohl das nur einer von zahlreichen Aspekten dieser Siedlung ist, und sie ebensogut als „Laher Selbstbaukasten" o.ä. hätte firmieren können). Schon während des Baus begannen Verhandlungen für Folgeprojekte; wiederum wurde der Dachtyp für die Siedlungsbezeichnung herangezogen, etwa in Hamburg mit den „Allermöher-Dachwiesen".

breite Beachtung

So wird eine Dachbauweise zum „Markenbegriff", zum Markenzeichen, das werbewirksam eingesetzt werden kann – schon daraus läßt sich ablesen, daß die Resonanz überwiegend positiv und das Bauherreninteresse groß ist.

markantes Charakteristikum

4.4 Erfahrungen von Bewohnern

Ein Bauherr baut ein Gründach, weil es ihm gefällt. Auch viele Betrachter spricht es offenbar an: Die Laher *Dachwiesen* sind nicht nur zum beliebten *Ziel von „Architekturtouristen"* geworden, sondern werden auch gern von Spaziergängern aus der näheren und weiteren Umgebung besucht, so daß die Bewohner schon manchmal klagen, sie fühlten sich „begafft wie im Zoo". Dieser Effekt zeigt, daß die Grasdächer „gut ankommen" – gäbe es mehr davon, würden sich die Betrachter verteilen und der „Zoo-Effekt" entfiele.

Publikumsmagnet

Die Bewohner der Siedlung schätzen auch die Auswirkungen des Gründaches auf das Raumklima. Da aus Kostengründen eine vorgefertigte Holztafelbauweise gewählt wurde, wäre normalerweise ein „Barackenklima" im Inneren mit großen Temperaturschwankungen bei geringer Luftfeuchtigkeit die Folge. Durch den diffusionsoffenen Dachaufbau ohne Dampfsperre und separate Dämmung wird hier jedoch die Luftfeuchtigkeit im Raum angenehm erhöht, Temperaturschwankungen werden durch Dämmung und Speicherwirkung des Gründaches gedämpft.

angenehmes Raumklima

Günstige Auswirkungen auf das Raumklima können auch Gründächer vor höheren Gebäudeteilen haben – die Energie wird absorbiert statt reflektiert, die Luftfeuchtigkeit des Mikroklimas deutlich herauf-, die Lufttemperatur herabgesetzt. Blenderscheinungen wie auf Bitumenbahnen entfallen.

Der Blick auf Grünes wird von der Mehrzahl der Menschen als wohltuend und beruhigend empfunden, während die öden Kies- und Pappdächer unansehnlich bis deprimierend wirken. Auf diese Weise wird das Wohlbefinden der Betrachter und damit ihre Leistungsfähigkeit und -bereitschaft erhöht; einige Autoren sprechen sogar von einer Verringerung des Krankenstandes. Während das noch Spekulationen sind, wären die übrigen Effekte sicherlich empirisch nachweisbar.

psychologische Wirkungen

5 Ökonomische Fragen

Aus Sicht des Bauherrn ist bei den finanziellen Aspekten zwischen Bau- und Betriebskosten zu unterscheiden.

5.1 Baukosten

Die Baukosten für Gründächer hängen natürlich vom gewählten System ab. Eine normgerecht wärmegedämmte Unterkonstruktion wird in den folgenden Preisbeispielen zugrunde gelegt. Diese Übersicht zeigt Preisbeispiele verschiedener Hersteller für Einzelschichten auf dem Stand von 1993[55]; sie soll ein Gefühl für die Größenordnungen vermitteln:

1.	wurzelfeste Dachabdichtung:	23,80 bis 31,– DM/m² (z. B. 31,– DM als Plane; 26,50 DM als Bahn inkl. Verlegung)
2.	Trennlage:	1,10 bis 5,65 DM/m²
3.	ggf. weitere Schutzschicht:	13,50 DM/m²
4.	Drainage:	15,40 bis 34,– DM/m²
5.	Filterschicht:	1,90 bis 3,80 DM/m²
6.	Substrat:	bis 80,– DM/m²
	4–6 als kombiniertes Angebot	40,– bis 90,– DM/m²
7.	Saatgut:	1,20 DM/m²
8.	Gullys, z. T. mit Sieb:	58,– bis 79,– DM/Stck.
9.	Siebe extra:	12,– bis 24,– DM/Stck.
10.	Dachrandabschlüsse, Blenden	12,– bis 32,– DM/m
	Eckstücke:	47,– bis 63,– DM/Stück
11.	Klemmprofil:	4,20 bis 10,– DM/m
12.	Wandabschlüsse:	6,25 bis 6,90 DM/m
13.	Alu-Traufbleche:	12,10 bis 15,80 DM/m
14.	Alu-Traufblech-Ecken:	21,– bis 27,– DM/Stück

Preisbereich

Kauft man „alles aus einer Hand", wird es billiger: von Komplettanbietern gibt es aufwendige Intensivbegrünungen überwiegend im Preisbe-

Abb. 30: Eine Wiese auf dem Dach ist nicht viel teurer als eine konventionelle Dachdeckung

reich von 100,– DM/m² bis 200,– DM/m², einige liegen darüber, ein paar auch darunter (ab 80,– DM/m²). Einfache Intensivbegrünungen beginnen ab ca. 60,– DM/m² [56], extensive Dachbegrünungen liegen überwiegend zwischen 50,– DM/m² und 90,– DM/m², vereinzelt darüber [57], Industriedachbegrünungen darunter (ab 40,– DM/m² [58]). Dazu kommen ggf. Kosten für Dachgullys, Betonplatten oder Kiesstreifen für Randbereiche, Randabschlußverkleidungen etc., die z. T. auch beim konventionellen Flachdach erforderlich sind und sehr vom Einzelfall abhängen. Bei der aufwendigen Intensivbegrünung wird die Unterkonstruktion durch die statische Belastung teurer.

Zubehör

Die Preisdifferenzen zwischen normalen Abschlußelementen für konventionelle Dächer und doppelt so hohen für Gründächer betragen z. B. 16,30 DM/m bei Dachrandabschlüssen, 12,– DM bei Eckstücken und 4,– DM/m bei Traufblechen. Werden die Details damit ausgebildet, entstehen für unsere Beispielfälle ca. 1200,– DM Mehrkosten für das ganze 200 m²-Dach bei Ausmaßen von 14 mal 14 m, das sind 6,– DM pro m² Dachfläche.

Zum Preisvergleich: beim konventionellen Warmdach auf einer Stahlbetondecke kostet oberhalb der Wärmedämmung die Dampfdruckausgleichsschicht und untere Dachhaut 13,– DM/m², die obere Dachhaut mit Einlage 17,– DM/m², die Trenn- und Schutzschicht zwischen Dachhaut und Kies 12,50 DM/m² und die 5 cm Kiesschicht 3,– DM/m², der Gesamtaufbau inkl. MWSt also rund 50,– DM/m² (wiederum ohne Entwässerungen, Randabschlußelemente etc.). [59]

Einfache Intensivbegrünungen sind also *ab 20% Mehrkosten* gegenüber konventionellen Kiesflachdächern zu haben, Extensivbegrünungen sind preisgleich oder sogar billiger. Diese Angabe gilt gleichermaßen für Flachdachsanierungen.[60] Die Preisdifferenz kann je nach örtlichem Preisniveau gegen Null gehen.[61]

Benutzt man die Dachbegrünungen (bei speziellem Aufbau) auch als Wärmedämmung (wie bei den Laher Dachwiesen in Hannover), kann das Grasdach billiger als die entsprechend wärmegedämmte herkömmliche Dachkonstruktion sein.[62] Die genannten Preise sind überwiegend Materialpreise ohne Einbau; dabei kann der Eigenheimbauherr beim Gründach durch Selbsthilfe weiter sparen: Während er beim konventionellen Flachdach auf Selbsthilfe besser verzichten sollte und lediglich den Kies selbst aufbringen kann, kann er bei Dachbegrünung problemlos das Substrat aufbringen, verteilen, mit fertigen Samenmischungen oder Sprossenteilen einsäen oder Rollrasen ausrollen (bei der gerade erwähnten Siedlung auf über 70 Häusern problemlos durchgeführt).

Selbsthilfe

Auch bei einer Dachsanierung können so die Kosten einer konventionellen Reparatur bis zu 50% unterschritten werden.[63]

Einbaukosten

Zu den Materialkosten kommen die Arbeitskosten. Während Trenn-, Ausgleichs- und Schutzschichten und -vliese nur ausgerollt, also lose verlegt werden – was schnell geht und daher weniger kostet als Verklebungen – gibt es bei Kies- und Gründach drei aufwendige und kostenwirksame **Haupt**arbeitsgänge:

Tab. VI: Zeitaufwand für Kies- und Gründach im Vergleich

Kiesdach	Gründach	Zeitaufwand
Erste Dichtungsbahn aufbringen	Wurzelfeste Dachdichtung aufbringen	gleich
Zweite Dichtungsbahn aufbringen	Substrat aufbringen, eventuell auf Schutzvlies	etwa gleich
Kies aufbringen	Einsäen	beim Kiesdach höher

Anmerkung: Während konventionelle Flachdächer meistens mehrlagig ausgeführt werden, schützt der Gründachaufbau die Dachdichtung offenbar so gut, daß acht von zehn Anbietern einlagige Systeme vorschlagen.[64]

5.2 Förderung

Nachdem sich in der zweiten Hälfte der 80er Jahre herausstellte, daß die Systeme technisch ausgereift und die Schutzfunktionen für die Bausubstanz sowie die Auswirkungen auf das Kleinklima positiv sind, stellte sich die Frage, ob die Kommunen Gründächer aktiv fördern sollen. Da die günstigen Wirkungen gewünscht und auf andere Weise oft nicht gleichwertig zu erzielen sind, entschlossen sich bereits ca. 50 Städte für eine Förderung der Dachbegrünung mit zweierlei Instrumentarien:

- planungs- und bauordnungsrechtlich (siehe Abschnitt 6) und
- als wirksamen Anreiz mit „Anschubfunktion“ durch direkte finanzielle Unterstützung.[65]

Diese Form gibt es zum Beispiel in **Stuttgart** schon seit mehreren Jahren. Eine Richtlinie bestimmt die Förderbereiche, die Art und Höhe der Förderung etc.; danach beträgt der Zuschuß 50% der tatsächlichen Kosten, max. 35,– DM/m^2 Nettovegetationsfläche. Das Gartenbauamt hat eine Broschüre herausgegeben, um das Thema populär zu machen und erste Fachinformationen zu geben. Eigentümern, Mietern und sonstigen Berechtigten werden Beratungen angeboten. Eigentümer geeignet erscheinender Gebäude werden gezielt angesprochen.[66] Ein farbiger Amtsblattsonderdruck zeigt anschauliche Beispiele.[67]

Zuschüsse

Andere Städte fördern aus anderen „Töpfen": Die Stadt **Frankfurt/**Main zum Beispiel bezuschußt die Begrünung niedriger Nebengebäude aus dem Innenhofprogramm mit 60% von max. 80,– DM/m^2. **Karlsruhe** fördert auch Gründächer im Hinterhofprogramm mit max. 4000,– DM/100 m^2 Hoffläche und 10000,– DM pro Hof.

Die 100000,– DM Haushaltsmittel für die Förderung der Dachbegrünung in **Darmstadt** 1990 waren bereits im Februar vergeben, **Hamburg** stellte 1988 zunächst 150000,– DM Haushaltsmittel zur Verfügung, **Berlin** initiierte 1989 ein Sonderprogramm für Dachbegrünungen über 1,5 Mio. DM, nachdem im Vorjahr bereits mehrere Millionen dafür eingesetzt worden waren. Im Rahmen von Modernisierungen oder Instandsetzungen, aber auch als städtebauliche Maßnahme können Interessenten Fördermittel beantragen.[68]

Fördervolumen

Auch die Stadt **Braunschweig** legte 1992 als „Initialzündung" ein Programm auf, das von Eigentümern oder Gruppen beansprucht werden kann. Gefördert werden 20% der Planungs- und 50% der Material- und Pflanzkosten, max. 8000,– DM pro Maßnahme. Dabei soll der Innenstadtbereich bevorzugt werden. Rechtsgrundlage ist eine Zuschußrichtlinie der Stadt, eine vom Rat zu beschließende Grundlage wurde vorbereitet. Die Mittel stammen aus dem Etat des Gartenamtes (s. Kap. 7.7). Eine weitere Möglichkeit besteht in Sanierungsgebieten: wird im Zuge einer durchgreifenden Sanierung das Dach erneuert und begrünt, können darauf entfallende Planungs- und Baukosten im Rahmen der Gesamtmaßnahme mit einem festzulegenden Prozentsatz (z.B. 45%) gefördert werden.

Inzwischen dürften weitere Städte Dachbegrünungen durch direkte Zuschüsse beschleunigen. Die Aktivitäten belegen, mit welcher Ernsthaftigkeit das Thema vorangetrieben wird. Die ökologischen Vorteile sind erwünscht, soziale Nachteile – durch Mieterhöhungen – hingegen unerwünscht; direkte Förderung ist eine wirksame Lösung des Interessengegensatzes.

Mieterhöhungen vermeiden

Die Städte entscheiden sich auch deshalb für die Bezuschussung, weil *steuerliche Absetzungsmöglichkeiten* (zum Beispiel „erhöhte Absetzung für Wirtschaftsgüter, die dem Umweltschutz dienen" nach *§ 7 d* Einkommensteuergesetz) auf Gründächer eigenartigerweise *nicht* anwendbar und andere Hilfen noch nicht absehbar sind.[69] Darauf wollen viele Kommunen nicht warten, sondern selbst die aktive Rolle übernehmen.

Da durch die Förderung die Baukosten oft unter die Kosten für das konventionelle Dach gedrückt werden, wird die höhere Wirtschaftlichkeit des Gründaches noch einmal begünstigt.

Tab. VII: Materialkosten Gründach-Kiesdach im Vergleich unter Einbeziehung der Förderungsbeiträge für Dachbegrünungen[70]

	Typ A	Typ B	Typ C
Materialkosten Gründach/ m², DM	130,—	80,—	50,—
Dämmwirkung Gründach entspricht ... cm Wärmedämmung	9 cm	8 cm	1,5 cm
darüber hinaus erforderliche Wärmedämmung	[1 (– 3) cm]	[2 (– 4) cm]	6,5 cm
à 1,50 DM/cm	1,50	3,—	9,75
Summe m²-Preis:	131,50	83,—	59,75
für das Beispieldach von 200 m², DM	26.300,—	16.600,—	11.950,—
Materialkosten Kiesdach/ je m², DM	50,—	50,—	50,—
erforderliche Wärmedämmung	10 (–12) cm	10 (–12) cm	8 cm
à 1,50 DM/cm	15,—	15,—	12,—
Summe m²-Preis:	65,—	65,—	62,—
für das Beispieldach von 200 m², DM	13.000,—	13.000,—	12.400,—
Differenz Gründach ÷ Kiesdach	13.000,—	3.600,—	– 450,—
erzielbare Förderung für Gründach in BS	8.000,— (Stadtnähe)	8.000,— (Stadtnähe)	4.000,— (Stadtrand)
verbleibende Differenz Gründach ÷ Kiesdach	5.300,—	– 4.400,—	– 4.450,—

Je nach Untergrund kommen Kosten für seine Vorbehandlung (z.B. Voranstrich), für Dampfausgleichsschichten u.a. hinzu, die bei Kies- und Gründach erforderlich sind und insofern die Preisdifferenz nicht verändern.

preiswerte Grünfläche

Die aufwendige Intensivbegrünung (Typ A) bleibt auch bei Förderung teurer als ein Kiesdach, die Differenz verringert sich jedoch von 66,50 DM/m² durch die Förderung auf 26,50 DM/m². Betrachtet man den Dachgarten als gewonnene, nutzbare Grünfläche in der Stadt, so ist er – im Vergleich zu Grundstückspreisen im Stadtbereich – mit 26,50 DM/m² sehr preisgünstig.

Im Verhältnis zu den Baukosten des Gebäudes (von ca. 3500,–DM/m²) macht der Gründachmehraufwand ohne Förderung ca. 0,9%, mit Förderung ca. 0,5% der Baukosten eines 2-geschossigen Bürogebäudes auf 200 m² Grundfläche aus – bei einem 5-Geschosser sind es nur noch 0,3 bzw. 0,2%. Die teurere Tragkonstruktion erhöht diese Prozentsätze auch nicht wesentlich.

Bei der einfachen Intensivbegrünung (Typ B) liegen die Materialkosten für das Beispieldach um 3600,– DM (oder 18,– DM/m²) über dem vergleichbaren Kiesdach, durch die Förderung wird es sogar 4400 DM billiger.

Beim Typ C in der konventionellen Variante werden in der Praxis z. T. billige, unbekieste Leichtkonstruktionen gewählt – sie unterliegen aber hohen dynamischen Schwingungsbelastungen bei Wind (das gefürchtete „Flattern"), die diese Konstruktion bedenklich erscheinen lassen. Sie wird daher nicht zum Vergleich herangezogen.

Gegenüber dem Kiesdach ist die Extensivbegrünung ohnehin schon etwa preisgleich bzw. leicht günstiger; die Förderung wäre zwar nicht so hoch (50%-Limit bei Material- und Pflanzenkosten), würde das Gründach aber bis zu 4500,– DM billiger machen als das Kiesdach.

Auch wo keine kommunale Förderung gezahlt wird, können Mehrkosten einer Dachbegrünung durch **steuerliche Förderung** noch zusammenschrumpfen.

Beim Neubau *selbstgenutzten Wohnungseigentums* zählen die Kosten für das Gründach zu den Herstellungskosten. Wird dadurch der nach § 10 e Einkommensteuergesetz begünstigungsfähige Höchstbe-

Abb. 31: Einfamilienhaus mit Gründach

trag von 330000,– DM nicht überschritten, so vermindern 6% der Begrünungskosten vier Jahre lang das zu versteuernde Einkommen, weitere vier Jahre lang noch jeweils 5%. Der Einspareffekt hängt natürlich vom Einkommen und dem Steuersatz ab und kann den Bauherren spürbar entlasten.

Werden Gebäude vermietet, so gelten andere Regeln, die steuerlich nicht minder interessant sein können – ein Steuerberater kann errechnen, welche Steuerersparnisse möglich sind. Auch „Vater Staat" kann also bei der Finanzierung der Dachbegrünung helfen.

5.3 Unterhaltung

Pflegearbeiten

Zu unterscheiden ist zwischen Intensiv- und Extensivbegrünung; *aufwendige Intensivbegrünungen* als Dachgärten mit Dachterrassen haben die gleichen Funktionen *wie Grünflächen* und sind ebenso zu pflegen (Wässern, Düngen etc.). Einfache Intensivbegrünungen können durch Austausch oder Ergänzung einzelner Pflanzen auf Wunsch gepflegt werden und sollten bei extremen Trockenperioden (von mehr als 4–6 Wochen) ab und zu besprüht werden, wenn man ein Verwelken in größerem Umfang vermeiden will. Bei fettem Substrat sind welke Gräser ggf. im Frühjahr auszuharken.

Extensivbegrünungen hingegen gedeihen am besten, wenn man sie in Ruhe läßt – Düngen und Wässern würden das Gleichgewicht des Systems beeinträchtigen und sind zu unterlassen.

Ansämlinge herausziehen

Notwendig ist hier nur ein bis zweimal pro Jahr ein *Kontrollgang,* bei dem überprüft wird, ob die Abflüsse und Kiesstreifen durch Laub, Bewuchs oder dergleichen verschmutzt sind. Dieser Kontrollgang ist auch bei konventionellen Flachdächern erforderlich – zusätzlich sollten beim Gründach Birken- und Ahornsämlinge, Melde, Löwenzahn, Disteln und schnellwuchernder Klee herausgezogen werden. Die Pflanzen bilden zwar insofern keine ernsthafte Gefahr, als sie bei den Standortbedingungen keine Entfaltungsmöglichkeiten haben und sich selbst Bäume nur zu Zwergwuchsformen entwickeln[71], ihr Entfernen dient aber der Sicherheit der Abdichtung.

5.4 Wirtschaftlichkeit

Die Wirtschaftlichkeit wird bestimmt von den Faktoren

- Baukosten,
- Unterhaltungskosten,
- Lebensdauer.

Hinsichtlich der Baukosten haben wir in Abschnitt 5.1 gesehen, daß einige Gründachsysteme bei den Materialkosten 10 bis 20% teurer als konventionelle Dächer, andere gleich teuer, ein paar sogar billiger sind und daß bei Arbeitskosten Gründächer wesentlich günstiger abschneiden, wenn Selbsthilfe möglich ist.

Abb. 32: Außer einem jährlichen Kontrollgang benötigt dieses Dach keine Pflege

Für die Unterhaltskosten ist zu berücksichtigen, daß der auch beim harten Dach 1- bis 2mal pro Jahr nötige Kontrollgang etwas länger dauert, weil unerwünschte Ansämlinge herausgezogen werden müssen. Dafür mögen bei unseren Beispieldächern ca. 1–2 Stunden pro Jahr zu veranschlagen sein, also ein sehr geringer Mehraufwand.

Langzeiterfahrungen

Die Lebensdauer stellte früher den „Angstfaktor“ dar, weil Durchwurzelungen befürchtet wurden. Bei der Suche nach der Schadensursache muß ggf. teure Vegetation abgeräumt werden. Da es inzwischen Testreihen für Dachdichtungen mit integriertem Wurzelschutz über einen Zeitraum von 20 Jahren gibt und einzelne Gründächer fast 30 Jahre alt sind[72], sind diese Befürchtungen nicht mehr begründet.

FLL-Verfahren

Solange es nur das Testverfahren mit Bitterlupinen über relativ kurze Zeiträume nach DIN 4038 Teil 1 gab, war Mißtrauen berechtigt. Nun gibt es seit fast 10 Jahren das qualifizierte Verfahren der Forschungsgesellschaft Landschaftsentwicklung, Landschaftsbau e. V. (FLL) mit aggressiv wurzelnden Bäumen und verschärften Bedingungen über 4 Jahre[73], das allgemein Anerkennung gefunden hat und dem sich die Produkthersteller auch unterziehen.

10-Jahres-Garantien

Bei fachgerechter Ausführung von Überlappungen, Eckenausbildungen etc. drohen durch Durchwurzelung also keine Gefahren mehr. Die Hersteller sind sich inzwischen so sicher, daß sie die Gewährleistung *für* den **Dachgesamtaufbau** übernehmen und Garantien über ein Jahrzehnt geben.[74] Andere, die Lebensdauer von Flachdächern begrenzende Faktoren werden in der folgenden Tabelle eines Bauschadenssachverständigen aufgeführt und bei begrünten und unbegrünten Dächern gewichtet.[75]

Tab. VIII: Vergleich zwischen unbegrünten und begrünten Dächern bei verschiedenen flachdachüblichen Einwirkungen (GÖTZE 1986)

Problemstellungen, Beanspruchungskriterien, Auswirkungen		
	Unbegrünte Dächer	Begrünte Dächer
UV-Strahlung, fotochemische Abbaureaktion	Werkstoffalterung, Eigenschaftseinbußen, Versprödung, Reduzierung der Lebensdauer. Oberflächenschutz erforderlich. Wiederholte Regenerationsmaßnahmen.	Kein Problem. Vegetationsschicht übernimmt Funktion des Oberflächenschutzes.
IR-Strahlung, Temperaturschwankungen, Dachhaut-Aufheizung	Thermische Überlastung bei unbekiesten Dächern. Schwarze Flächen bis + 80 °C. Rißgefahr bei thermoplastischen Dachabdichtungsbahnen, Festigkeitsverlust. Dilatationen der Dämmstoffe durch thermische Längenänderung.	Kein Problem. Dachhaut-Erwärmung im Sommer auf maximal 25 – 30 °C. „Kühleffekt“ der Vegetation.
Frost-Tau-Wechsel, Eisdruck	Häufige Wechselbeanspruchung. Bei gefällelosen Dächern = Erosion und Oberflächenzermürbung.	Verstetigung der Beanspruchung durch Fortfall des Strahlungseinflusses. Zyklus- und Häufigkeitsreduzierung.
Schlamm-Schichten, Atmosphärilien, Immissionen	Gefährlich bei Verkrustung. Schollenförmige Einrisse, Kerbrißspannung = Sollbruchstelle.	Falls trotz Filtervlies vorhanden: Ungefährlich, weil „Einbrenntemperatur“ fehlt.
Algen, Mikroorganismen	Physikalische Wirkung: Bindemittel in Pfützen und Schlamm: Austrocknung = Verkrustung = Kerbrißspannung. Chemische Wirkung: beispielsweise Rezepturveränderung.	Physikalische Wirkung: Kein Problem, da Licht und Aufheizung fehlen. Chemische Wirkung: Eventuell möglich.
Hagel	Perforationsschäden bei starkem Hagelschlag (Beispiel: München, Juli ’84) und gleichzeitig Kälte- oder UV-Versprödung der Dachhaut.	Kein Problem.
Windsog	Ungenügende Lagesicherheit bei Ausführungsfehlern. Sturmschäden bisher relativ häufig.	Lagesicherheit durch Auflast (z. B. Extensivbegrünungen ca. 70 – 100 kg/m² bei 10 cm Aufbauhöhe). Aber: Zusätzliche Windlast bei Großsträuchern und Bäumen.

Problemstellungen, Beanspruchungskriterien, Auswirkungen		
	Unbegrünte Dächer	Begrünte Dächer
Blasenbildung, Verdampfungsverformung der Dachhaut	Aufwerfungen bei Feuchteeinschlüssen innerhalb verklebter Schichten. Ausführung stark witterungsabhängig.	Kein Problem, da Aufheizung fehlt. Verzicht auf obere Dampfdruckausgleichsschicht denkbar.
Brandeinwirkung	Widerstandsfähig gegen Flugfeuer und strahlende Wärme (harte Bedachung). Nachweis nach DIN 4102 Teil 7, ohne Nachweis Teil 4.	Verbesserter Schutz für den Dachaufbau. Aber: Zusätzliche Entzündungsquelle bei extremer Trokkenheit u. extensiver Nutzung. Nur Oberflächeneffekt mit Rückwirkung auf Nachbarbebauung.
Druckwassereinwirkung	Keine Druckwasser-Beanspruchung bei fachgerechter Entwässerung.	Tritt auf bei Anstaubewässerung der Dränschicht. Dichtungsausführung nach DIN 18 195 Teil 6, sonst Teil 5.
Kontrolle der Dichtungsbeschaffenheit, eventuell Sanierungsdurchführung	Kontrolle bei unbekiesten Dächern visuell möglich. Sanierungsaufwand geringer als bei bepflanzten Flächen.	Keine Kontrollmöglichkeit. Defektlokalisierung schwierig. Sanierung der Abdichtung erfordert erheblichen Zusatz- und Abräumaufwand.
Schalleinwirkung	Luftschalldämmung abhängig von Masse und Schichtenfolge. Anforderung nach DIN 4109 Teil 6: R' abhängig vom Lärmpegelbereich. Trittschallschutz bei Terrassen: Mindestanforderung TSM = $\geq$ 10 dB. Erhöhte Anforderung TSM $\geq$ 17 dB.	Verbesserung der Luftschalldämmung durch Auflast und größere Schwingungsträgheit der Gesamtfläche. Gute Schallabsorption der Vegetationsoberfläche.
Wärmeschutz	Wärmeschutz-VO, gültig ab 1/84: $k_D \leq 0{,}30$ W/($m^2 \cdot K$). Mindestwerte nach DIN 4108 Teil 2.	Verbesserung des Wärmeschutzes gegeben, aber Zusatzeffekt rechnerisch noch nicht ansetzbar. Eis: 2,10 W/(m · K), feuchter Boden: 1,80 W/(m · K), Verbesserung durch Reduzierung der Spitzentemperaturen.
Wurzeleinwirkung	Kein Problem bei ausreichender Wartung der Dachfläche.	Wurzelfeste Dachhaut oder zusätzliche Wurzelschutzschicht erforderlich. Prüfung nach DIN 4062 nicht ausreichend. Nachweis der Wurzelfestigkeit durch Praxiserfahrung oder Langzeitversuch ... (Ausl. Verf.).

Die Tabelle macht deutlich wie „die flachdachüblichen Mängel schon durch den Grünaufbau selbst kompensiert werden, weil dieser deren Grundursachen elemeniert"[76]. Der Sachverständige Götze kommt zu dem Ergebnis: „Die *Dachbegrünung* ist kein Flachdachschaden-Eskalationsverfahren, sondern eine *Schadensverhütungsmethode*"[77].

reparaturanfälliger Flachdachbestand

Dem steht gegenüber, daß die Lebensdauer konventioneller Flachdächer (nach Angaben des Bauschadensspezialisten Prof. Schild) durchschnittlich 22 1/2 Jahre beträgt; Reparaturen fallen bei den verschiedenen Flachdachsystemen im Durchschnitt alle 7 Jahre an (spez. Werte f. Erneuerungsintervalle und Lebensdauer von Kiesdächern sind in der Literatur nicht belegt).[78] Da wundert es nicht, daß allein in den alten Bundesländern pro Jahr Flachdachflächen von mehreren km^2 saniert werden müssen.

Die ca. 90 Jahre alten, bis heute schadfreien Gründächer in Berlin haben zwar einen anderen Aufbau als heutige Dachbegrünungen – dennoch erscheint eine Lebenserwartung dieser Größenordnung bei fachmännisch verarbeiteten und wie oben beschrieben gepflegten Gründächern nicht unwahrscheinlich. Wäre es nur die Hälfte, wäre es dennoch die doppelte Lebensdauer konventioneller Flachdächer!

Die schützende Wirkung der Begrünung wird von Bauherren zunehmend erkannt; beispielsweise zeigt die Auswertung der Referenzliste eines Herstellers mit 100 Objekten, daß davon über ein Drittel Sanierungen waren.

6 Rechtliche Behandlung

Betrachtet werden planungs- und bauordnungsrechtliche Fragen und ihre Umsetzungsprobleme, entwässerungsrechtliche Aspekte und sonstige Rechtsgebiete.

6.1 Planungsrechtliche Möglichkeiten

Zunächst ist zu prüfen, ob Dachbegrünung mit planungsrechtlichen Möglichkeiten vorgeschrieben werden kann, wo sie gewünscht wird. In der Literatur ist zu finden, daß §9 Abs. 1 Nr. 9 BauGB als Grundlage für eine Begrünungssatzung gewählt wurde[79]. Danach kann „der besondere Nutzungszweck von Flächen" festgesetzt werden, „der durch besondere städtebauliche Gründe erforderlich wird".

Wie die besonderen städtebaulichen Gründe für Dachbegrünung im einzelnen ausformuliert werden können, sei hier nicht näher betrachtet – die Vorschrift ist nämlich nicht die geeignetste Rechtsgrundlage. Zum einen kann „die Festsetzung nach §9 Abs. 1 Nr. 9 BauGB die Festsetzung eines Baugebietes nicht überlagern"[80], was aber für die großflächige Einführung der Dachbegrünung von Vorteil wäre; vor allem aber ist die Festsetzungsmöglichkeit nur zulässig, wenn speziellere, nach §9 Abs. 1 BauGB oder aufgrund der BauNVO erlassene Regelungsmöglichkeiten nicht ausreichen[81]. Spezieller ist §9 Abs. 1 Nr. 25a BauGB; darin wird erlaubt, „für einzelne Flächen oder für ein Bebauungsplangebiet oder Teile davon sowie für Teile baulicher Anlagen ... das Anpflanzen ... sonstiger Bepflanzungen" festzusetzen. Diese Vorschrift ist auch spezieller als §9 Abs. 1 Nr. 20, der (Flächen für) Maßnahmen zum Schutz, zur Pflege und zur Entwicklung von Natur und Landschaft regelt.

§ 9 (1) Nr. 9 BauGB ungeeignet

Die entsprechende alte Vorschrift des §9 Abs. 1 Nr. 25 BBauG wurde mit dem BauGB um die *„sonstigen Bepflanzungen"* und die Festsetzungsmöglichkeiten *„für Teile baulicher Anlagen"* erweitert; gemeint sind damit in erster Linie Dach- und Fassadenbegrünungen, wie den Motiven des Gesetzgebers, aber auch den Kommentaren zu entnehmen ist. „Da diese Festsetzung auch für Teile baulicher Anlagen getroffen werden kann, ist dies eine mögliche Rechtsgrundlage für die Festsetzung von Dach- und Fassadenbegrünungen".[82]

§ 9 (1) Nr. 25 geeignet

Der Gesetzgeber hat damit auf das zunehmende Bedürfnis reagiert, solche Begrünungsformen explizit vorzuschreiben, weil deren Wert für Kleinklima und Wasserhaushalt erkannt und andere Grünformen auf gesonderten Flächen wegen der Flächenknappheit oder vorhandener Bebauungsdichte kaum ausreichend realisierbar sind.

Voraussetzungen

Natürlich müssen die Festsetzungen städtebaulich erforderlich sein, auf die örtlichen Verhältnisse eingehen, statt pauschal formuliert zu sein und dem Abwägungsgebot genügen.[83] „Sie können z.B. geboten sein, um den bestimmten Charakter von Siedlungen (‚Waldsiedlung') zu schaffen oder zu erhalten, ... und andere Teile der ‚Stadtlandschaft' zu sichern"; „ferner können Gründe des Landschafts- und Naturschutzes die Festsetzung erfordern".[84]

Pflanzgebot

Schließlich bildet die **Festsetzung nach § 9 Abs. 1 Nr. 25** die Grundlage für weitere Vollzugsmaßnahmen. „Die Festsetzung von Neubepflanzungen kann im Wege des Pflanzgebotes nach § 178 durchgesetzt werden".[85] § 9 Abs. 1 Nr. 25 a ist somit die speziellere Rechtsgrundlage für die Festsetzung von Dachbegrünungen (Vorschläge für deren Anwendung befinden sich im Kapitel 7 dieser Untersuchung).

Anwendungsbereiche

Festsetzungen nach § 9 Abs. 1 Nr. 25 a BauGB sind möglich:

1. in einem **qualifizierten B-Plan** nach § 30 Abs. 1 BauGB,
2. in einem **einfachen B-Plan** nach § 30 Abs. 2 BauGB,
3. in einer **Satzung** nach § 34 BauGB,
4. in einer **Satzung** nach § 4 (2a) BauGB-MaßnG,
5. in einer **Satzung** über einen Vorhaben- und Erschließungsplan nach § 7 BauGB-MaßnG.

Sie sind bei allen Fallkategorien auch als Ergänzung bestehender Satzungen möglich.

Unzulässig sind sie hingegen unter Umständen – je nach Einzelfall – als einfacher B-Plan für das ganze Gemeindegebiet, der direkt gilt und vorhandene B-Pläne entsprechend ergänzt, wenn er nicht hinreichend „konkret – individuell" ist. Die Anforderungen an „Erforderlichkeit" und „Abwägung" können dann problematisch werden.[86]

Bedingungen

Für die Festsetzungen nach § 9 Abs. 1 Nr. 25 gelten natürlich die allgemeinen Bedingungen für Festsetzungen:

- Sie sind nur zulässig, sofern sie sachgerecht damit begründet werden können, *im Interesse der Allgemeinheit geboten* zu sein.
- Sie sind nur zulässig, „sobald und soweit sie *für die städtebauliche Entwicklung erforderlich* sind" (§ 1 Abs. 3 BauGB); abschließende Pflanzlisten werden in diesem Zusammenhang abgelehnt, wenn sie nur wenige Arten enthalten, „Vorschlagslisten" hingegen begrüßt.
- Sie unterliegen dem *Abwägungsgebot* sowohl hinsichtlich des „Ob" als auch hinsichtlich des „Wie"; dabei sind die öffentlichen und privaten Belange gegeneinander und untereinander sowie z. B. die Belange ökologischer Wirkungen, Kosten, Pflegeaufwand, Optik, Bautechnik, Nachbarrecht und Sicherheit zu berücksichtigen (dabei kann nun auch auf die entsprechenden Kapitel dieses Buches zurückgegriffen werden).

Bei geringer Belastung der Eigentümer – z. B. durch die Vorgabe von lediglich extensiver Begrünung – sinken dabei natürlich die Anforderungen an den konkreten Nachweis ökologischer Wirkungen auch stark ab.

Entschädigungen?

Die zutreffende Abwägung ist auch hinsichtlich etwaiger Entschädigungsfragen für die Festsetzungen von Bedeutung. Nach § 41 Abs. 2

Abb. 33: Das Gründach korrespondiert mit dem angrenzenden Wald

BauGB gilt für Dachbegrünungen: „Sind im Bebauungsplan Bindungen für ... das Anpflanzen von ... sonstigen Bepflanzungen festgesetzt, ist dem Eigentümer eine angemessene Entschädigung in Geld zu leisten, wenn und soweit infolge dieser Festsetzungen

1. besondere Aufwendungen notwendig sind, die über das bei ordnungsgemäßer Bewirtschaftung erforderliche Maß hinausgehen oder
2. eine wesentliche Wertminderung des Grundstückes eintritt."

Zu Nr. 1: Entschädigungsansprüche nach dieser Nr. kommen nicht zum Zuge bei

- Festsetzung von Gründächern als Ausgleichs- oder Ersatzmaßnahme (s. 7.2.1.1)
- Festsetzung von Gründächern als Kompensation erhöhter baulicher Nutzung (s. 7.2.1.2)

sondern lediglich bei

- Festsetzung von Gründächern aus gestalterischen Gründen (s. 7.2.1.3)

Läßt man dabei die Art der Dachbegrünung offen, kann der Bauherr die Extensivbegrünung wählen, die gegenüber dem bekiesten Flachdach keine besonderen Aufwendungen im Sinne von § 41 Abs. 2 Nr. 1 erfordert (s. 5.1) – dann entstehen auch keine Entschädigungsansprüche.

Zu Nr. 2: Wertminderungen treten nach Aussage städtischer Vermessungsingenieure in der Regel nicht ein. Die einzige Ausnahme wäre die Sonderfall

Anordnung aufwendiger Intensivbegrünung bei Neuplanung eines Einfamilienhausgebietes aus („lediglich") gestalterischen Gründen. Wird hier nur eine Extensivbegrünung bzw. die Begrünungsart nicht vorgeschrieben, gibt es in diesem Fall keine Entschädigungsansprüche. Extensivbegrünungen sind bei der Bewertung und den Entschädigungsansprüchen unproblematisch, weil sie gegenüber bekiesten Flachdächern keine erheblichen Mehrkosten verursachen.

Im übrigen sind bei der Neuplanung von Baugebieten mit Dachgrün deshalb keine Entschädigungsansprüche von seiten der verkaufenden Landwirte zu befürchten, weil die Wertsteigerung aus der Aufwertung von Bauerwartungsland zu Bauland selbst Mehrkosten für Dachbegrünung von einigen Prozent der Bausumme kompensieren.

Werden bei der Neuplanung eines Baugebietes Mehrfamilienhäuser geplant, können sogar aufwendige Intensivbegrünungen vorgeschrieben werden, wenn sie – z. B. durch unmittelbaren Zugang von Penthäusern aus – individuell nutzbar sind – dann bewirken sie nämlich eine entsprechende Wertsteigerung (die wiederum Entschädigungsansprüche ausschließt).

Tab. IX: Entschädigungsfragen bei Dachbegrünung

	Intensivbegrünung		Extensivbegrünung
	aufwendig	einfach	
Neuplanung	Grundsatz: Wertsteigerung zwischen Bauerwartungs- und Bauland übertrifft Gründach-Mehrkosten		
als Ausgleich oder Ersatz (s. 7.2.1.1.)	möglich	möglich	
als Kompensation erhöhter baulicher Nutzung (s. 7.2.1.2.)	möglich	möglich	
aus gestalterischen Gründen (s. 7.2.1.3.)	**nicht bei Einfamilienhäusern,** aber bei Mehrfamilienhäusern, wo Gründach individuell nutzbar ist. (Dachgarten)		unproblematisch, da praktisch keine Mehrkosten
Überplanung mit B-Plan	bei Beachtung der 7-Jahres-Regel unproblematisch		
mit Gestaltsatzung	kommt nicht in Frage	Wahl lassen, **ob** Flachdach gewählt wird (das dann zu begrünen **ist**)	

Dachgrün bei Eingriffen

Stellt die Bebauung einen *Eingriff im Sinne des Naturschutzrechts* dar, werden Ausgleichs- oder Ersatzmaßnahmen erforderlich; dabei macht es keinen Unterschied, ob Maßnahmen außerhalb des Baugrundstücks die Erschließungskosten oder Maßnahmen auf dem Bau-

Abb. 34: Individuelle Nutzbarkeit des Dachgartens

grundstück die individuellen Baukosten erhöhen. Bei entsprechendem Kompensationsbedarf können darüber hinaus auch intensive Dachbegrünungen vorgeschrieben werden, *ohne* daß *Entschädigungsforderungen* auf die Stadt zukommen können.

Innenbereich

Bei B-Plan-Festsetzungen oder Gestaltsatzungen im Innenstadtbereich gilt: Gestaltsatzungen, die vorschreiben, daß beim Bau eines Flachdaches ein Gründach zu wählen ist, sind nicht entschädigungsrelevant – der Bauherr hat ja noch die Wahl, ob er ein Flachdach oder ein Steildach wählen will. Wählt er ein Flachdach, weil das oberste Geschoß damit besser ausnutzbar ist als beim Steildach, hat er durch die verbesserte Ausnutzbarkeit eine Wertsteigerung, die selbst evtl. Gründachmehrkosten kompensiert.

Bestandsüberplanung

Sind textliche Festsetzungen, die Gründächer vorschreiben, in einem B-Plan, mit dem Bestand überplant wird, gilt die *7-Jahres-Regel*: Hat der Eigentümer das aufgrund des vorherigen Rechts planerisch Zulässige 7 Jahre lang nicht ausgenutzt, können nur bei Eingriffen in die ausgeübte Nutzung Entschädigungen geltend gemacht werden – dieser Fall tritt aber nicht ein (s. § 42 (3) BauGB): in der Innenstadt richtet sich der Wert nach der Rendite (insbesondere des Erdgeschosses, z. B. zu 50%), das Dach spielt dabei keine Rolle.

Mit Sicherheit gilt die Aussage, daß die Festsetzung von Gründächern nach den Enteignungsregeln nicht das Kriterium „schwerwiegend" im Sinne der Schweretheorie der Rechtsprechung erfüllt, das Voraussetzung für das Vorliegen einer Enteignung ist – werden Gründächer durch B-Plan oder Gestaltungssatzung vorgeschrieben, kommen auf die Stadt gemäß diesen Ausführungen also keine Entschädigungsansprüche zu.

Ergebnis:

- bei Einfamilienhaus-Neubauplanungen keine aufwendigen Intensivbegrünungen lediglich aus gestalterischen Gründen vorsehen
- bei Mehrfamilienhaus-Neubauplanungen individuelle Nutzbarkeit nicht „verbauen"

Sozialbindung

Im allgemeinen gilt jedoch, daß *Dachbegrünungen* grundätzlich als *Ausdruck der Sozialbindung des Grundeigentums* (Art. 14 Abs. 1 Satz 2 und Abs. 2 Grundgesetz) entschädigungslos hinzunehmen sind.[87]

Sind die Motive für die Festsetzung von Dachbegrünung überwiegend im Komplex Mikroklima/Wasserhaushalt angesiedelt, so kann das bereits in einem evtl. Grünordnungsplan zum Ausdruck kommen. Da er nicht unmittelbar geltendes Recht schafft, können seine Darstellungen als Festsetzung in den B-Plan übernommen werden (je nach Bundesland unterschiedlich geregelt).

Im B-Plan können Dachbegrünungen auch als Ausgleichs- oder Ersatzmaßnahme vorgesehen werden. Einzeln – besser aber noch im Verbund mit anderen Maßnahmen – dürfte die Funktion als Kompensationsmaßnahme im Sinne des § 8 BNatSchG und der entsprechenden Landesgesetze einer der wichtigsten Anwendungsfälle für Dachbegrünungen werden.

Das bezieht sich auf Neubau – für den Bestand bietet das Planungsrecht i. d. R. keine Handhabe zur Begrünung.

6.2 Neuerungen durch das Investitionserleichterungs- und Wohnbaulandgesetz

Bewertung von Eingriff, Ausgleich und Ersatz

Das städtebauliche Planungsrecht wurde durch das Investitionserleichterungs- und Wohnbaulandgesetz geändert, das am 1. Mai 1993 nach einem extrem kurzen Gesetzgebungsverfahren in Kraft trat.[88] Es handelt sich um ein „Artikelgesetz", ist also aus einer Reihe von Artikeln zusammengesetzt, die jeweils ein anderes, bestehendes Gesetz ändern oder ein neues schaffen – das Gesetz greift hier in acht bestehende Gesetze und zwei Verordnungen ein und erzeugt zwei neue Gesetze.

Baurechtskompromiß

Wichtig ist der sogenannte „Baurechtskompromiß", ein Artikel, der das Verhältnis vom Bundesnaturschutzgesetz zum Baugesetzbuch neu regelt.[89] Es geht um die Eingriffsregelung des Naturschutzrechtes, die eine Abfolge von Fragen vorgibt:[90] Wer in Natur und Landschaft eingreift (z. B. mit einem Bauvorhaben), hat folgendes zu prüfen:

Prüfschema

- ist der Eingriff *vermeidbar* – dann ist er zu vermeiden;
- ist er unvermeidbar (z. B. weil der Bauherr das Vorhaben nur hier realisieren kann und es bald benötigt), ob er *minimiert* werden kann (z. B. durch eine kompakte Bauform oder einen Standort auf dem Baugrundstück, der unempfindlich ist);

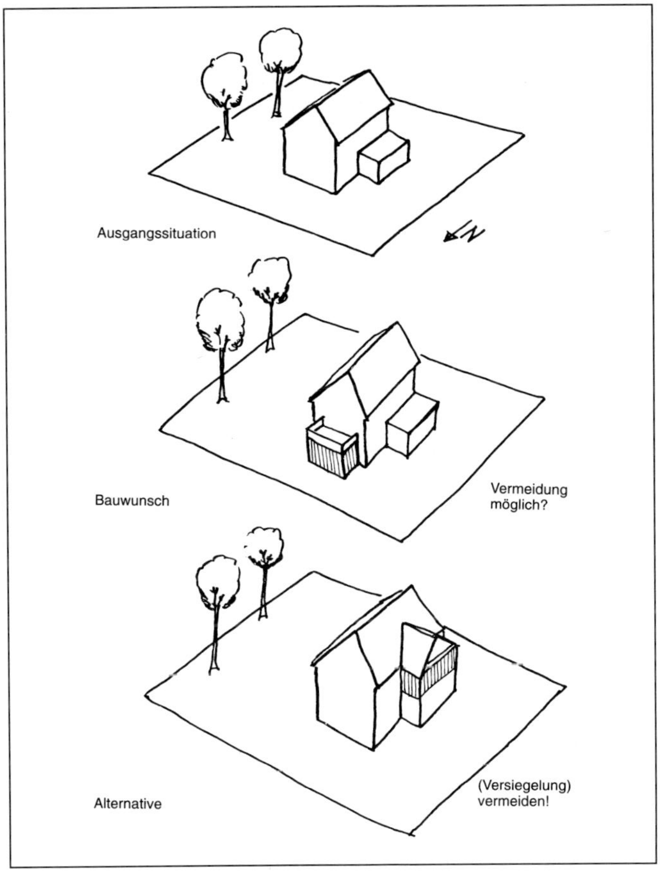

Abb. 35: Vermeidung von Flächenversiegelung

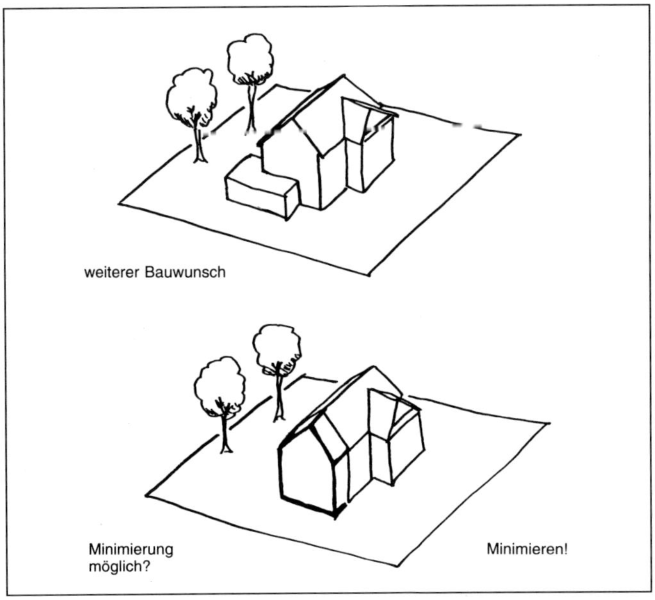

Abb. 36: Minimierung von Flächenversiegelung

– kann er nicht weiter minimiert werden; ob er *ausgeglichen* werden kann (durch eine Maßnahme, die eine Kompensation der verlorenen Werte der Natur in gleichartiger Form im räumlichen Wirkungsbereich des Eingriffs darstellt);

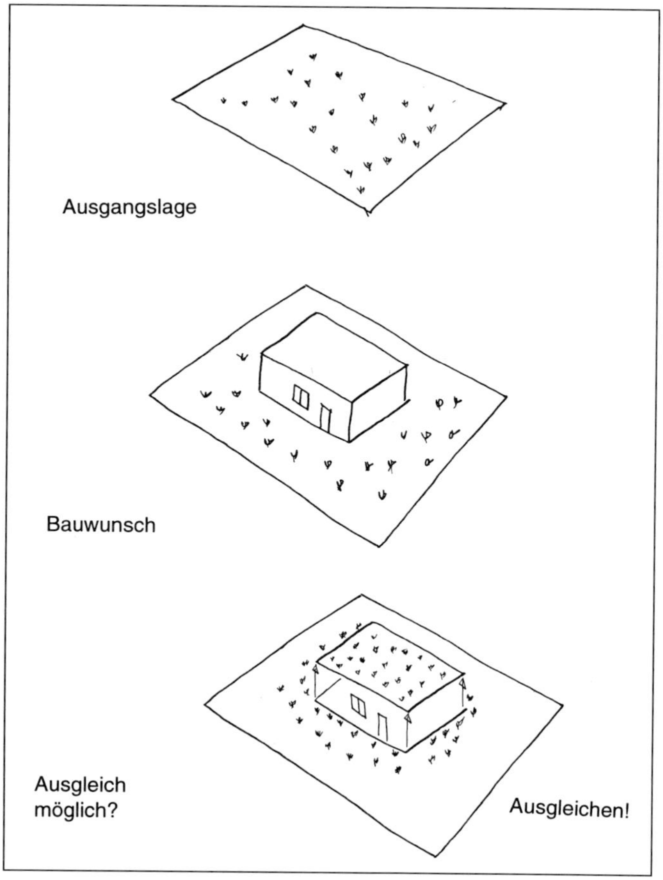

Abb. 37: Ausgleich für Flächenversiegelung

– kann er nicht ausgeglichen werden, ob die verlorengegangenen Werte von Natur und Landschaft an anderer Stelle des vom Eingriff betroffenen Raumes in gleichwertiger Form wiederhergestellt („*ersetzt*") werden können.

Bauleitplanverfahren

Diese Abfolge von Fragen war bisher im Baugenehmigungsverfahren zu prüfen und ist durch das Investitionserleichterungs- und Wohnbaulandgesetz auf die Ebene des Flächennutzungs- und des Bebauungsplanes verlagert worden.

Abwägung

Das bedeutet, daß bei der Aufstellung des Bauleitplanes vom Planer (ggf. mit weiteren Fachleuten) zu prüfen ist, ob der Plan Eingriffe zuläßt und wie sie ggf. vermieden, minimiert, ausgeglichen oder ersetzt werden können. Dabei hat der Planer Abwägungsspielräume. § 8 a des Bundesnaturschutzgesetzes in seiner durch das Investitionserleichterungs- und Wohnbaulandgesetz eingeführten Form besagt nämlich, daß die Eingriffsregelung auf der Ebene des Bauleitplanes **in der Abwägung** zu prüfen ist. Die Abwägung ist ein juristisch definierter Vorgang bei dem – bildlich gesprochen – verschiedene Argumente („Belange") in die beiden Waagschalen einer gedachten Waage geworfen werden, um festzustellen, welche Seite „überwiegt".

Gerichtlich überprüfbar ist,

Abwägungsfehler

- *ob* eine Abwägung überhaupt stattgefunden hat,
- ob *alle* „Belange" in der Abwägung berücksichtigt wurden, die „nach Lage der Dinge" zu berücksichtigen sind,
- ob die Belange *so bewertet* wurden, wie es ihrem Inhalt und ihrer Bedeutung entspricht,
- ob die Belange *im Verhältnis zueinander* richtig gewichtet wurden, wobei die Abwägung zur objektiven Gewichtigkeit einzelner Belange nicht außer Verhältnis stehen darf.[91]

Punktwertverfahren

Die „Belange" sind also zu werten, in diesem Fall die Belange von Natur und Landschaft und des Eingriffs. Das kann in verbaler Form geschehen, in verschiedenen Bundesländern gibt es aber auch Ansätze, Punktwertverfahren zu entwickeln, um die „schwammigen" Aussagen zu objektivieren und zu operationalisieren.

Das sei am Beispiel eines 1000 m² Grundstücks mit Wald- und Ackerflächen und einem Bauvorhaben von 200 m² Grundfläche illustriert: Betrifft der Eingriff z. B. das Waldstück, so **sagt** man nicht: „... der Eingriff zerstört 200 m² eines Mischwaldes ...", sondern anhand eines Kataloges liest man ab, *welcher Punktwert* einem Quadratmeter dieses Waldtyps zuzuordnen ist. Die Punktwerte stellen eine Rangfolge von Biotoptypen nach Häufigkeit, Empfindlichkeit, nach dem Vorkommen gefährdeter Pflanzen- oder Tierarten etc. dar, die hochwertigsten Biotope bekommen auf dieser Skala also den höchsten Punktwert. Erfaßt werden aber auch „minderwertige" Biotope, wobei dem minderwertigsten (einer Asphaltfläche) der Wert „Null" zugeordnet wird.

Alle von einem Eingriff betroffenen Flächen findet man nun in diesem (generalisierten) Katalog.

Berechnungsverfahren

Den Punktwert des betroffenen Biotops multipliziert man mit der betroffenen Fläche und erhält den Eingriffswert, z. B. 1,5 (für den Wald) mal 200 m² = 300 WE (Werteinheiten).

Wird nun entsprechend des o. a. Fragenkataloges ein Ausgleich oder Ersatz für diesen Eingriff gesucht, kann ein „minderwertiges" zu einem „hochwertigen" Biotop aufgewertet werden.

Ein Maisacker auf dem betrachteten Grundstück (Punktwert 0,5) könnte aufgeforstet werden (Wald: 1,5), die „Aufwertung" entspricht der Differenz: 1,5–0,5 = 1,0. Werden 300 m² aufgeforstet, erhält man 300 Werteinheiten, die dem oben errechneten Wert entsprechen. Der Eingriff ist kompensiert, für Natur und Landschaft bleibt kein „Schaden" zurück.[92]

Bewertung

Diese Rechenverfahren sind *Hilfsmittel, keine Dogmen.* Sie können aber für alle Beteiligten transparent machen, wie die Forderung nach der Aufforstung von 300 m² Maisacker zustande gekommen ist.

Das Verfahren bezeichnet man als „Eingriffs-Ausgleichs-Bilanz" (genauer: „Eingriffs-Kompensationsbilanz"). Es ist durch das Investitionserleichterungs- und Wohnbaulandgesetz nicht vorgeschrieben worden, kann aber als Hilfsmittel herangezogen werden, um den (gerichtlich überprüfbaren) Vorgang der Abwägung nachvollziehbar zu machen.

Maßstäbe

Wie erwähnt, gibt es bereits verschiedene Punktwert-Kataloge, die von Fachleuten wie Landespflegern, Biologen etc. zusammengestellt worden sind. Sie sind z. T. parallel in verschiedenen Bundesländern entstanden und unterscheiden sich daher, z. B. bezüglich der Skala, die gewählt wurde:

- Das Modell der Bezirksregierung Rheinhessen-Pfalz reicht von 0 bis 1 und
- das Modell des Landkreises Osnabrück von 0 bis über 3,6.

Wie bereits an anderer Stelle erläutert wurde, kann Dachbegrünung eine geeignete Maßnahme sein, um Eingriffe zu kompensieren (gehen durch den Eingriff andere Naturfunktionen verloren als die, die die Dachbegrünung wiederherstellen kann, handelt es sich um Ersatz, bei gleichartigen Funktionen um Ausgleich).

Sie wird i. d. R. keinen vollständigen Ausgleich oder Ersatz des Eingriffs in Natur und Landschaft ermöglichen, weil nur ein Teil des Daches begrünt werden kann (umlaufende Kiesstreifen, Aussparungen für Dachaufbauten, -durchbrüche, technische Anlagen etc.).

Darüber hinaus ist natürlich die Qualität der Fläche, in die eingegriffen wird, von Bedeutung: Wird auf einem Parkplatz ein Gebäude mit Gründach errichtet, ist dies eine Verbesserung; wird ein hochwertiges Feuchtgebiet überbaut, reicht das Grasdach als Kompensation nicht aus.

Punktwert der Dachbegrünung

Will man eine Dachbegrünung in eine „Eingriffs-Ausgleichs-Bilanz" einstellen, wie sie oben beschrieben wurde, so ist ein zutreffender Punktwert gefragt, der ihrer Bedeutung für die Leistungsfähigkeit des Naturhaushalts und das Landschaftsbild gerecht wird. In den o. a. Tabellen fehlen jedoch meistens Werte für Dachbegrünung oder sie sind nicht weiter differenziert.

Die folgende Empfehlung für die Punktbewertung von Dachgrün basiert auf Vergleichen ihrer Leistungsfähigkeit mit anderen Biotoptypen bezüglich der Umweltmedien und weiterer Faktoren:

1. Boden (Substrate)
2. Wasser (Speicherung, Abflußverzögerung, Reinigung)
3. Klima (Verdunstung, Luftbewegung, Thermik)
4. Luft (temporäre Sauerstoffanreicherung, Staubbindung, Luftfeuchte)
5. Energie (Wärmespeicherung, verzögerte Abgabe)
6. Schall (-schutz)
7. Lebensraum (für Flora und Fauna).

Gefragt wurde also z. B.: Welchem Biotoptyp entspricht Dachbegrünung bezüglich ihrer Leistungen für die Luftqualität?

Da die Werte für andere Biotoptypen den o. a. Punktwerttabellen entnommen werden können, wurde jedem der sieben Kriterien der Punktwert eines jeweils entsprechenden Biotops zugeordnet, die Summe gebildet und (nach einer gewissen Gewichtung) durch sieben geteilt. Das Verfahren beruht auf Plausibilitätserwägungen und kommt zu nachvollziehbaren Ergebnissen, die hier nach aufwendiger Intensivbegrünung, einfacher Intensivbegrünung und Extensivbegrünung differenziert werden.

Empfehlungen für Punktwerte für Dachbegrünungen in Eingriffs-Ausgleichs-Bilanzen

I. Bei einer Skala von 0 bis 1 (Beispiel: Modell der Bezirksregierung Rheinhessen-Pfalz)

	Typ A = aufwendige Intensivbegrünung	Typ B = einfache Intensivbegrünung	Typ C = Extensivbegrünung
Punktwert	0,4	0,4	0,2

II. Bei einer Skala von 0 –> 3,6 (Beispiel: Osnabrücker Modell)

Punktwert	1,3	1,3	0,8 – 0,5 Sedum-Kräuter / Moos-Sedum

Modifikationen

Die Werte können im Einzelfall noch modifiziert werden, die Landeshauptstadt Hannover, die eine Skala von 0 bis 1 gewählt hat, gibt der Extensivbegrünung z. B. 0,25 Punkte, wenn sie Bodenanschluß hat (abgeschlepptes Dach).

Kritik

Noch ein Wort zur Bedeutung der Punktwertverfahren: Sie sind keineswegs unumstritten, weil sie eine Pauschalierung bedeuten und der *Wert von Natur und Landschaft* strenggenommen *nicht quantifizierbar* ist. Auch mag eingewandt werden, der Logik der Punktwertung folgend sei es kein weiter Weg mehr, den Punkten DM-Beträge zuzuordnen, um Eingriffe in die Natur durch finanzielle Abgaben „auszugleichen" (wobei dieses Geld anderswo Maßnahmen zugunsten der Natur zugute kommen soll).

Das ist alles richtig. Andererseits hat man es in der Praxis, z. B. in den planenden Behörden, oft mit Ingenieuren zu tun, die die „schwammigen" Begriffe des Landespflegers nicht kennen und nicht nachvollziehen können oder wollen. Mit Rechenwerten hingegen können sie etwas anfangen.

Werden die Rechenwerte nun von kompetenter Seite ermittelt (und nicht in einem reinen „Ankreuzverfahren" bestimmt), so mag das *Punktwertverfahren als Verständigungsebene* dienen, auf der der Techniker die Aufforderung des Landespflegers verstehen kann. Auch für Laien in den politischen Gremien kann eine Punktwertbilanz eher zu akzeptieren sein als ‚ein Habitat für Hautflügler oder Laufkäfer'. Wenn das Verfahren also dazu dient, die Ziele des Natur- und Landschaftsschutzes umzusetzen, wenn sie in der Form einer Bilanz vorgerechnet und so gebilligt werden, so mag der Zweck die Mittel heiligen.

6.3 Naturschutzrechtliche Aspekte

Wohnbaulandgesetz

In Kapitel 6.2 wurde die „Eingriffsregelung" des Naturschutzrechtes vorgestellt, die in bezug auf Dachbegrünung der wichtigste Teil dieser Rechtsmaterie ist. Ihre praktische Umsetzung wurde durch das erwähnte Investitionserleichterungs- und Wohnbaulandgesetz entscheidend verändert.

Betrachtungszeitpunkt

– Der **Umfang von Ausgleichs- und Ersatzmaßnahmen** wurde bisher im Baugenehmigungsverfahren festgelegt, also zu einem Zeitpunkt, zu dem das geplante Bauvorhaben durch Bauzeichnungen präzise dargestellt war. Nun wird der Umfang von Ausgleich und Ersatz bereits im Bebauungsplan festgelegt, der in der Form des klassischen Angebotsplanes nur einen Rahmen für künftige Gebäude und Nutzungen vorgibt, die noch gar nicht bekannt sind. Darin liegt eine erhebliche *„Unschärfe"*, die zugunsten einer erhofften *Vereinfachung* des Baugenehmigungsverfahrens in Kauf genommen wurde.

beteiligte Ämter

– Die **Festlegung der Ausgleichs- und Ersatzmaßnahmen** traf früher beim Baugenehmigungsverfahren die Untere Naturschutzbehörde, die über die dafür nötigen Sachkenntnisse verfügt; die Bauaufsichtsbehörde muß etwas von Schall-, Brand- und Wärmeschutz etc. verstehen, aber nicht von Biotoptypen und Vegetationsgesellschaften. Die Naturschutzbehörde beriet also den Bauherrn und gab ihm Kompensationsmöglichkeiten für den „Eingriff" vor, die auf die „Eingriffsintensität", also die Schwere des Eingriffs auf dem konkreten Grundstück mit seiner beschreibbaren Bedeutung für Tier- und Pflanzengesellschaften etc. zugeschnitten war und geeignet erschien, die Verluste der Natur infolge des Bauens an diesem Ort „wiedergutzumachen".

Die Festlegung von Ausgleichs- und Ersatzmaßnahmen trifft nun das Stadtplanungsamt, indem es in erster Linie Flächen dafür einplant (die Festsetzung von „Maßnahmen" ist allerdings ebenfalls möglich). Dafür sollte es externe Sachverständige heranziehen, weil anders die im Plangebiet vorgefundenen Qualitäten der Natur kaum zutreffend festgestellt werden können und der Flächenbedarf für geeignete Kompensationsmaßnahmen nicht präzisiert werden kann.

Das Gesetz eröffnet zwar die Möglichkeit, die Schwere des Eingriffs auf einzelnen Grundstücken mit unterschiedlichen Ausgangsbedingungen zu berücksichtigen – davon raten aber z. B. die kommunalen Spitzenverbände ab, weil beim Vollzug hoher Aufwand und Klagerisiken drohen. Das neue System ist also vergröbernd und pauschalierend.

Vollzug

– Beim **Vollzug** hat sich in formeller Hinsicht nichts geändert: Die Bauaufsichtsbehörde setzt die Kompensationsmaßnahmen i. d. R. durch *Nebenbestimmungen in der Baugenehmigung* durch. Das neue Recht sieht aber auch die Möglichkeit vor, bereits vor Baubeginn Ersatzmaßnahmen einzuleiten – das kann sinnvoll sein, um z. B. Tieren die Umsiedlung in Ersatzbiotope zu ermöglichen.

Wahl des Bauherren

– Eingeschränkt ist aber die **Wahlfreiheit des Bauherren:** früher konnte er wählen, ob er Ausgleichs- oder ob er Ersatzmaßnahmen anbieten wollte. Er konnte auch wählen, welche Form des Ausgleiches bzw. welche Form des Ersatzes er dafür jeweils bevorzugte, wenn es mehrere geeignete Möglichkeiten gab. Nun legt der Bebauungsplan das

Verhältnis von Ausgleich zu Ersatz und die jeweiligen Formen recht konkret fest – ist z. B. Dachbegrünung nicht in den Festsetzungen vorgesehen, kann sie auch nicht mehr nachträglich gefordert werden.

Die Wahlfreiheit des Bauherren bei der Frage „Zahle ich für Maßnahmen auf fremden Grundstücken oder wähle ich Maßnahmen auf meinem Grundstück?" besteht nicht mehr, wenn die Gemeinde sich im Bebauungsplan für Sammelersatzmaßnahmen entscheidet; dann sind sie von allen Bauherren zu finanzieren.

Nur bei Bebauungsplänen, die vor dem 1.5.1993 rechtskräftig waren und bei „Baulücken" kann in den Bundesländern, die den Ersatz durch Geldzahlungen zulassen, anstelle einer Zahlung noch eine Kompensationsmaßnahme wie Dachbegrünung gewählt werden. Hier kann sich der Bauherr also noch für eine Investition auf dem eigenen Baugrundstück entscheiden.

Sammelkompensationsmaßnahmen

Das Investitionserleichterungs- und Wohnbaulandgesetz führt eine **neue Festsetzungsmöglichkeit für Bebauungspläne** mit dem Bundesnaturschutzgesetz ein, das hier unmittelbar geltendes Recht ist: Die Gemeinde kann Sammelkompensationsmaßnahmen wählen, also Eingriffe auf verschiedenen Grundstücken durch eine gebündelte Maßnahme auf einem separaten Grundstück kompensieren. Die Sammelkompensation kann auf die „Eingriffsgrundstücke" durch **Zuordnungsfestsetzungen** verteilt werden – zu jedem Eingriffsgrundstück gehört dann ein ideeller Anteil an der Sammelkompensation. Seine Größe wird durch die Verteilungsmaßstäbe des § 8 a Abs. 4 BNatSchG festgelegt.

„Ökostandards"

Der neue § 8 a Abs. 5 des Bundesnaturschutzgesetzes ermächtigt die Gemeinden auch zu Satzungen, in denen Grundsätze für die Ausgestaltung der Sammelkompensationsmaßnahmen und die Kostenverteilung aufgestellt werden können. Dies ist zu empfehlen, um den jeweiligen Bebauungsplan von allzu differenzierten und umfangreichen Regeln zu entlasten. Eine *Mustersatzung* der kommunalen Spitzenverbände liegt vor und sollte zugrunde gelegt werden.

Es ist aber zu bedenken, daß die Sammelzuordnungen und die beschriebenen Satzungen juristisches Neuland sind. Es ist immer dann zu betreten, wenn Kompensationsmaßnahmen gebündelt und von den Bauherren bezahlt werden sollen. Gelingt es hingegen, die Planung so zu gestalten, daß die Eingriffe so ausgeglichen werden können, daß separate Flächen für Maßnahmen gar nicht erforderlich werden, dann muß die Gemeinde sich nicht auf dieses juristische Neuland vorwagen – und für Maßnahmen auf dem Baugrundstück wiederum ist Dachbegrünung ein zentraler, in vielen Fällen sogar unverzichtbarer Baustein.

Unterhaltungskosten

Und ein letztes Argument kann in Zeiten wachsender kommunaler Schulden den Ausschlag geben: Bei Sammelkompensation können die Grunderwerbskosten, die Planungskosten für die Maßnahmen, die Herstellungskosten und die Kosten der Entwicklungspflege auf die Bauherren umgelegt werden; das sind also alle Kosten, die anfallen, bis der angestrebte Zustand der Ersatzmaßnahme erreicht ist. Das kann bis zu fünf Jahren dauern, wenn z. B. eine Streuobstwiese angelegt wird. Die Kosten für die laufende Pflege danach sind (je nach Art der Maßnahme) aber auch nicht zu vernachlässigen – sie sind im vollen Umfang von der Gemeinde zu tragen! Wählt die Gemeinde anstelle von

Ersatzmaßnahmen hingegen Maßnahmen auf dem Baugrundstück – u.a. Dachbegrünung – so tragen die Bauherren alle o.a. Kosten selbst und finanzieren auch die laufende Pflege. Die Gemeinde ist von diesen „bis in alle Ewigkeit weiterlaufenden" Unterhaltungskosten befreit.

6.4 Bauordnungsrechtliche Betrachtung

Dieser Abschnitt soll zunächst die bauordnungsrechtlichen Möglichkeiten beleuchten, Dachbegrünungen vorzuschreiben – anschließend werden bauordnungsrechtliche Einzelfragen angesprochen.

6.4.1 Gestaltungssatzungen

§56 NBauO (bzw. der entsprechende Paragraph anderer Landesbauordnungen) ermöglicht örtliche Bauvorschriften zur Verwirklichung bestimmter städtebaulicher oder baugestalterischer Absichten, die „besondere Anforderungen an die Gestaltung von Gebäuden stellen, namentlich für ... die Auswahl der Baustoffe ... sowie für Form und Neigung der Dächer" als Rahmen. Ermöglicht diese Vorschrift eine Gestaltungssatzung, die Dachbegrünungen vorsieht?

Gestaltungssatzungen bzgl. Dachgrün möglich

Bei den namentlich aufgeführten Fällen kommt die „Auswahl der Baustoffe der von außen sichtbaren Teile" in Betracht. Anstelle von Dachabdichtungsbahnen mit oder ohne Bekiesung könnte man Bodensubstrate oder -matten und Begrünung vorschreiben. Da die namentliche Aufzählung keinen abgeschlossenen Katalog darstellt[93], sondern neben dem Material auch „sonstige Einzelheiten der Dächer näher" geregelt werden können[94], ist auch das Vorschreiben von Dachbegrünungen möglich.

Die planungsrechtlichen Festsetzungsmöglichkeiten erscheinen wegen der weiter gefaßten Zielsetzung und Begründungsmöglichkeiten zwar zweckmäßiger – die Gestaltungssatzungen sind aber ebenso ein in der Praxis angewandtes und bewährtes Mittel.[95]

Anwendungsbeispiel

Möglich ist natürlich neben der für sich stehenden Gestaltungssatzung die Aufnahme der Begrünungsbestimmungen als „auf Landesrecht beruhende Regelung" in die textlichen Festsetzungen des Bebauungsplanes (sog. „Huckepack-Verfahren"). So wird in Mannheim verfahren, wo eine Gestaltungssatzung für das ganze Innenstadtgebiet die Begrünung der Flachdächer vorschreibt und die Regelung bei neu aufgestellten B-Plänen zusätzlich als textliche Festsetzung aufgenommen wird.[96]

Nach NBauO können bei Änderungen baulicher Anlagen auch Änderungen nicht betroffener Teile der baulichen Anlagen von der Baugenehmigungsbehörde verlangt werden, wenn sich die Kosten der Änderung dadurch um nicht mehr als 20 v.H. erhöhen (§99 Abs. 3 NBauO). Auch diese Regel dürfte die Ausnahme bleiben, zumal dabei die Entschädigungsfrage zu prüfen wäre.

6.4.2 Bauordnungsrechtliche Einzelfragen

6.4.2.1 Brandschutz

Der Brandfall auf Gründächern hat anfänglich zur Verunsicherung bei der Beurteilung geführt: Einerseits befürchtete man schnelles Entzünden und schnelle Feuerausbreitung bei trockenen Gräsern, andererseits wußte man, daß die 2000 Grasdächer Berlins vor 90 Jahren gerade aus Brandschutz- und Luftschutzüberlegungen angelegt worden waren.

Wie entwickelt sich ein Brandfall, kann das Feuer nach innen durchschlagen, wie ist das Gründach bauordnungsrechtlich einzustufen? Bei ersten Versuchen zeigte sich, daß vertrocknete Pflanzenteile auf dem Substrat in den niedrig und lückig wachsenden Vegetationsbeständen in der Regel eine sehr *geringe Brandlast* bedeuten, die bei Sukkulenten (trockenresistente, wasserspeichernde Pflanzen der Extensivbegrünung) praktisch gegen Null geht. Höhere Gras-Kraut-Bestände, die vertrocknet sind, *flammen schnell ab und verlöschen,* ohne An- und Abschlüsse bei Dachdurchdringungen zu gefährden. Übermäßig hohe Gras-Kraut-Begrünungen, die durch Überdüngung entstanden sind, können eine erhöhte Brandlast darstellen, wenn sie vertrocknet sind. Sie sind zu mähen und abzutransportieren; dadurch wird das Substrat zugleich abgemagert, so daß der übermäßige Bewuchs abnimmt.

überdüngte Gras-Kraut-Begrünung problematisch

Abb. 38: Um Dachflächenfenster sind ausreichend breite Kiesstreifen anzuordnen, mind. 0,5 m

Versuchsergebnisse

Im Regelfall ist also von geringen Mengen brennbarer Trockenmasse auszugehen.[97] Weitere Versuche zeigten, daß beim Brandfall schon bei geringen Schichtdicken keine Schäden an den Dachdichtungen mehr entstehen und ein *Durchbrennen* nach innen erst recht *ausgeschlossen* ist.[98]

Diese Untersuchungen sind abgeschlossen, inzwischen formulierte eine Projektgruppe der Fachkommission „Baunormung" und „Bauaufsicht" der ARGEBAU die brandschutztechnischen Anforderungen für begrünte Dächer. Danach bestehen bei Dachbegrünungen auf geschlossener, tragender Dachkonstruktion (außer bei aneinandergebauten, giebelständigen Häusern) unter *Verzicht auf den Nachweis als harte Bedachung* keine Bedenken bezüglich des baulichen Brandschutzes unter folgenden Bedingungen:

Anforderungen

1. Dächer mit Intensivbegrünung, mit Bewässerung, Pflege und dicken Substratschichten sind ohne weiteres als widerstandsfähig gegen Flugfeuer und strahlende Wärme zu bewerten – sie gelten als „harte Bedachung".[99]

2. Dächer mit extensiver Begrünung gelten als „harte Bedachung", wenn

   - die Substratschicht (Dachgärtnererde oder Gleichwertiges) stärker als 3 cm ist (das ist gegen Durchbrand nach innen ausreichend),
   - das Substrat höchstens 20 Gewichtsprozent organische Bestandteile aufweist,
   - bei großflächigen Begrünungen nach max. 40 m Brandabschnitte durch Kiesstreifen, Plattenbeläge, Aufkantungen o. ä. gebildet werden bzw. Gebäudeabschluß-, Brand- oder entsprechende Wände in mind. diesem Abstand 30 cm über Gründachaufbauoberkante geführt werden,

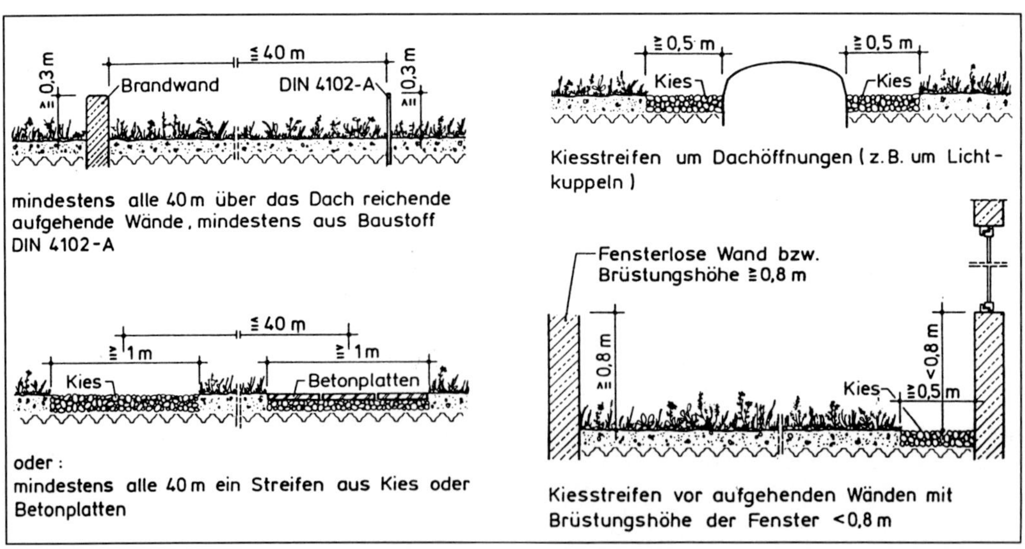

Abb. 39: Berücksichtigung des Brandschutzes bei der Dachbegrünung

- vor Öffnungen in der Dachfläche (Lichtkuppeln, Dachfenster) und vor Wänden mit Öffnungen ein Streifen von mind. 0,5m mit Grobkies, Betonplatten o.ä. angeordnet wird; das ist nicht erforderlich bei Fenstern in der aufgehenden Wand mit mind. 80cm Brüstungshöhe über Substratoberkante.[100]

Diese Überlegungen dürften keine größeren Probleme bei der Umsetzung aufwerfen, die Kiesstreifen ab 0,5m um An- und Abschlüsse entsprechen ohnehin den allgemein anerkannten Regeln der Technik.

Vollzug

Die ARGEBAU-Anforderungen sind zum Teil von den Bundesländern ergänzend zur LBauO durch fachliche Anweisungen bzw. Erlaß als bauaufsichtliche Vorgabe eingeführt.[101] In den Ländern, in denen die Einführung noch aussteht, orientiert sich die bauordnungsrechtliche Beurteilung aber schon jetzt daran.[102] Das Ministerialblatt für das Land NRW Nr. 54 vom 15.09.1989 zum Thema „Brandverhalten begrünter Dächer" kann ebenfalls herangezogen werden; es wurde vom Institut für Bautechnik in seinem Mitteilungsblatt vom 01.12.1989 veröffentlicht.

6.4.2.2 Weitere Einzelfragen

Statik

Bei der Statik ist die Dachbegrünung als Flächenlast über die Gesamtfläche anzusetzen; insbesondere bei den aufwendigen Intensivbegrünungen sind Pflanzkübel o.ä., Bäume oder Sträucher und deren Verankerungen als Einzellasten, bei größerer Ausdehnung als erhöhte Flächenlast einer Teilfläche anzusetzen. Dadurch wird die Tragkonstruktion teurer.

Schallschutz

Beim Schallschutz gibt es keine Probleme. In der Regel reicht bereits der Unterbau aus, um die Anforderungen zu erfüllen, zudem bezieht sich Schallschutz überwiegend auf die Verhältnisse zwischen (z.B. Miet-) Parteien, beim Gründach ist in der Regel nur der Bauherr selbst betroffen – er ist gesetzlich gehalten, die Anforderungen des öffentlichen Baurechts einzuhalten.

Wärmeschutz

Beim Wärmeschutz gibt es inzwischen für ein Begrünungssystem vom Bundesminister für Raumordnung, Bauwesen und Städtebau festgesetzte Rechenwerte (siehe Abschnitt 2.4), für andere Systeme kann der Nachweis einzeln geführt werden.

Genehmigung

Wird ein bestehendes Flachdach im Rahmen der Instandsetzung zum Gründach, um zukünftige Instandsetzungen zu minimieren, handelt es sich in der Regel (sofern nicht eine – z.B. auch statisch – neue Konstruktion gebaut wird) um eine genehmigungsfreie Baumaßnahme.[103]

Wird bei Neubau oder Nutzungsänderungen eine Genehmigung nach §34 BauGB erforderlich, ist die Dachausbildung als Gründach kein Kriterium, das beim „Einfügen" zu berücksichtigen ist (es geht lediglich um bodenrechtlich relevante Fragen).

Zusammenfassend läßt sich feststellen, daß bei Einhaltung der ARGEBAU-Anforderungen die *bauaufsichtliche Beurteilung* der Gründächer *keine Probleme* aufwirft.

6.5 Überwachung baurechtlicher Vorgaben für Gründächer

Vollzugsfragen

Die Überwachung von Begrünungsfestsetzungen ist in der Regel problematisch, weil die Überwachung des Bauvorhabens im Normalfall mit der Schlußabnahme der Bauaufsicht endet und zu diesem Zeitpunkt die Bepflanzungen oft noch nicht vorgenommen sind (z. B. wegen Abhängigkeit von der Jahreszeit). Die Bauaufsicht wendet darüber hinaus in vielen Kommunen ein, sie sei nicht fachlich kompetent, Begrünungen zu beurteilen. Die Probleme sind bei Dachbegrünungen aber marginal:

1. Der Aufbau der Dachbegrünung mit Wurzelschutz-, Vlies-, Drain-, Filter- und Substratschicht ist bei der Schlußabnahme vorhanden und kann abgenommen werden.
2. Wird mit Rollrasen, Substratmatten etc. begrünt, kann der Zeitpunkt der Schlußabnahme so gelegt werden, daß sie ausgerollt sind.

Kontrollen

3. Wird mit Aussäen von Samen oder Sprossen begrünt, könnte die Bauaufsicht „hintergangen werden", indem die Aussaat unterbleibt – im Laufe der Zeit würde das Dach durch Samenanflug begrünt (sofern es nicht extrem hoch liegt). Bei einer späteren Kontrolle könnte ein ausreichender Zustand eingefordert werden; Verwaltungsvollstreckung und die Verfolgung der Unterlassung als Ordnungswidrigkeit nach § 91 Abs. 1 Nr. 1 NBauO mit Geldbußen bis 50 000,– DM nach Abs. 5 bieten ausreichende Instrumente.
4. Würden bestimmte Pflanzenlisten vorgeschrieben, könnten die Bauaufseher nicht erkennen, ob es sich um die richtigen Samen handelt – wie in Abschn. 6.1 dargestellt, sollten Pflanzenlisten aber ohnehin nur empfehlenden Charakter bekommen.
5. Lediglich beim Vorschreiben von aufwendiger Intensivbegrünung, wo auch der Zustand nach Jahren überwacht werden müßte, wäre die Bauaufsicht überfordert. Dieser Fall wird kaum vorkommen, ggf. müßten Grünflächen- oder Umweltamt die Überwachung solcher Einzelfälle übernehmen.

Im Gegensatz zur Überwachung anderer Bepflanzungsfestsetzungen ist die *Überwachung von Gründachfestsetzungen* also *relativ problemlos.*

6.6 Entwässerungsrecht

In Kapitel 3 wurde die Wasserspeicher- und -verdunstungsfähigkeit des Gründaches beschrieben und quantifiziert sowie das verzögerte Abführen von überschüssigem Wasser ins Kanalnetz erläutert. Diese Wirkungen greifen in Entwässerungstechnik und Entwässerungsrecht ein und entlasten u. U. das Portemonnaie des Bauherren.

In Braunschweig wird den Bauherrn vorgeschrieben, mind. 90% der Niederschlagsmenge zeitverschoben zum Regenereignis in die Kanalisation einzuleiten (Bezugsgröße ist der Volumenstrom). Diese Regelung entspricht der Genehmigungspraxis seit mehreren Jahren. Die Grundlage ist § 8 (3) der Entwässerungssatzung vom 19. 10. 1993, die für die Genehmigung des Entwässerungsantrages Bedingungen und *Auflagen* zuläßt. Sie werden zur Zeit *aus Gründen begrenzter Vorflut* erteilt. Dazu kann der Bauherr verschiedene Anlagen bauen:

Entwässerungsgenehmigung

Versickerungsbrunnen oder -flächen, Rückstaubecken, Zisternen etc. (ggf. nach Genehmigung durch die Untere Wasserbehörde).

Technische Maßnahmen

Er kann aber auch ein Gründach (ggf. in Kombination mit anderen Maßnahmen) wählen. Wie in Abschnitt 3.2.1 errechnet wurde, kann ein Gründach je nach Typ 20 bis 145 mm Regen speichern, so daß ein r_{15}-Regenereignis mit seinen 13 mm Niederschlag bei trockenem Substrat vollständig, bei feuchtem Substrat durchschnittlich zu 70% aufgenommen werden kann. Gegenüber einem Rückstaubecken hat das Gründach den Vorteil, daß der größere Teil des Niederschlagswassers verdunstet und damit gar nicht von der Vorflut abgeführt werden muß (Letzteres erfordert zum Teil Hochwasserschutzaufwendungen).

Vorteile des Gründachs

Diesen Vorteil hat auch die Versickerung in Schluckbrunnen o. ä., allerdings bedarf sie einer wasserrechtlichen Genehmigung; eine flächige Versickerung setzt bessere k_F-Werte als 10^{-4} voraus.

Dachbegrünung kann also – ggf. kombiniert – als Maßnahme zur 90%-Reduzierung des Niederschlagsvolumenstroms eingesetzt werden und hat gegenüber anderen Maßnahmen Vorteile für Bauherren und/oder Umwelt. Das Restwasser, das nicht vom Gründach gespeichert und verdunstet wird, kann in Tonnen oder Zisternen zurückgehalten und ggf. zur Toilettenspülung, Bewässerung etc. weitergenutzt werden. Ein Anschluß an die Regenwasserentwässerung wird so völlig vermieden. Die neue Entwässerungssatzung sieht diese Möglichkeit ausdrücklich vor – der bisherige Anschluß- und Benutzungszwang ist entfallen.

Die Satzung trennt die Berechnung von Schmutz- und Niederschlagswasser; Flächen, die nicht an die Regenwasserkanalisation angeschlossen sind, werden dem Eigentümer nicht mehr berechnet. Vermeidet der Bauherr diesen Anschluß, z. B. durch ein Gründach in Verbindung mit anderen Maßnahmen, so bezahlt er dafür auch keine Gebühren – die Wirtschaftlichkeit des Gründaches wird noch einmal verbessert.

Anschlußgebühr kann entfallen

Dazu eine *Beispielrechnung:*

Die Berechnung der Abwassergebühren basierte bisher in Braunschweig auf dem Frischwasserverbrauch und einer pauschalen Betrachtung des Regenwassers (bei Eigenwasserförderung und -versickerung etc. gelten Sonderregeln). Bei großen Grundstücken kann die Niederschlagsentwässerung heute getrennt berechnet werden. Oberhalb eines Schwellenwertes werden für jeden bebauten oder befestigten Quadratmeter Grundstücksfläche 0,87 DM pro Jahr berechnet.

Berechnungsgrundlagen

Für unsere Beispieltypen A und B wird ein Beispiel durchgerechnet, bei dem außer dem Gründach noch Zwischenspeicher für Niederschläge installiert wurden. Dafür kommen vier 200 l-Fässer oder ein Kunststofftank von 0,8 x 0,8 m Grundfläche und 1,2 m Höhe in Betracht, die 320,– DM kosten mögen.

Da das Gründach mindestens 70% der Niederschläge zurückhält, müssen diese Behälter 30% auffangen; beim Bemessungsregen sind das $13{,}5\ l/m^2 \cdot 200\ m^2 = 2{,}7\ m^3$, davon 30%: ca. 800 l Zusatzkapazität reichen aus. Dadurch entfallen die 200 m^2 Dachfläche als befestigte Fläche mit einem Preis von 0,87 DM/m², eine Einsparung von 174,– DM pro Jahr wird erzielt.

Sind die übrigen Oberflächen des Grundstückes versickerungsfähig, läßt sich der Grundstücksanschlußbeitrag von 2200,– DM (bis 20 000,– DM, je nach Durchmesser der Kanalrohre) einsparen.

Schon bei kleinstem Durchmesser beträgt die Nettoeinsparung also 1880,– DM (2200,– DM Beitrag ./. 320,– DM für Behälter), zuzüglich 174,– DM Gebühren pro Jahr. Wird diese Einsparung mit 7% verzinst, wächst in den ersten 10 Jahren ohne Berücksichtigung etwaiger Gebührensteigerungen ein Betrag von über 5600,– DM heran.

Darüber hinausgehende Einsparungen sind möglich, wenn das aufgefangene Regenwasser weiterverwendet wird und dabei Trinkwasser ersetzt (Toilettenspülung, Autowäsche, Bewässerung etc.). Dafür ist unter Umständen zusätzliche Technik erforderlich (WC-Spülung), die aber einen doppelten Spareffekt bringt:

1. das eingesparte Frischwasser muß nicht bezahlt werden und
2. da die Abwassergebühr auf dem Frischwasserbezug basiert, wird bei verringertem Frischwasserbezug noch einmal gespart.

Bei Anschlußbeiträgen und Entwässerungsgebühren kann sich ein Gründach auszahlen.

6.7 Festsetzungen und Nachbarrecht

Von begrünten Dächern können im Herbst *Samen auf benachbarte Grundstücke* wehen. Das führt zu der Befürchtung, mit der Festsetzung von Gründächern nachbarrechtliche Probleme auszulösen. Hintergrund ist die Tatsache, daß Gerichte „die Eigentümer verunkrauteter Grundstücke, insbesondere wenn sie inmitten gepflegter Gärten und Wohngebiete liegen, aus dem Grundsatz des nachbarschaftlichen Gemeinschaftsverhältnisses heraus zur Bekämpfung des Unkrauts auf ihren Grundstücken verurteilt“ haben. [104]

Anspruchsgrundlage

Abwehransprüche

Die Rechtsgrundlage wäre *§ 906 BGB,* demgemäß der Eigentümer die Zuführung unwägbarer Stoffe (Immissionen) wie Gase, Dämpfe, Rauch, Ruß, Wärme, Geräusch, Erschütterungen u. ä. Einwirkungen von einem anderen Grundstück verbieten kann, wenn

- die Einwirkung die Benutzung seines Grundstücks mehr als nur unwesentlich beeinträchtigt,
- die Benutzung des anderen Grundstücks nicht ortsüblich ist und
- die Immissionen durch wirtschaftlich zumutbare Maßnahmen verhinderbar wären.

Eine Durchsicht von Literatur, Kommentierung und jüngeren Urteilen zeigt folgendes Ergebnis zur Anwendbarkeit dieser Rechtsgrundlage: Einzelne Urteile bezweifeln, ob „Laub, Kätzchen oder Blüten und kleinere Zweige zu den „Beeinträchtigungen“ zählen, deren Beseitigung

Abb. 40: Samenflug auf Nachbargrundstücke führt im allgemeinen nicht zu rechtlichen Problemen

der Eigentümer nach §§ 906, 1004 I BGB von dem Nachbarn verlangen kann.“ [105]

Die Mehrheit der Gerichte wendet die Anspruchsgrundlage aber an, auch in der Literatur wird sie für anwendbar gehalten. Speziell zu Dachbegrünungen gibt es keine Urteile; Samenflug und Immissionen anderer Vegetation sind aber analog zu betrachten.

Samen als Immissionen...

Nach Hoof/Djuren [106] gehören zu den Immissionen im Sinne von § 906 BGB Unkrautsamen, die von verwahrlosten Grundstücken herüberwehen, und Korff schreibt: „Nur in besonderen Ausnahmefällen haben die Gerichte neuerdings eine Entschädigung für die Beseitigungs- und Bekämpfungskosten zugestanden, insbesondere wenn Eigentümer Grundstücke inmitten gepflegter Gärten verunkrauten und verkommen lassen.“ [107]

...nur in Ausnahmefällen

Abgehoben wird bei beiden Autoren also in den Ausnahmefällen auf die *Verwahrlosung* bzw. das *Verkommenlassen* eines Grundstücks, d. h. auf seine Gesamterscheinung, wenn sich darum herum eine gepflegte Gegend befindet und sich das betrachtete Grundstück mit der Umgebung ästhetisch nicht verträgt. Ob bei der Bebauung eines Grundstücks mit einem Gebäude mit Gründach bei Würdigung der Gesamterscheinung des Grundstücks die Kriterien Verwahrlosung und „Verkommenlassen“ erfüllt sind, mag dahingestellt bleiben.

Die jüngste BGB-Kommentierung von Pahlandt konstatiert zu § 906 unter „Ähnliche Einwirkungen“: „Laub, Nadel/Blütenbefall: Als Folge erstrebenswerter Begrünung nach Durchschnittsempfinden *i. d. R. un-*

Urteile

wesentliche Beeinträchtigung".[108] Dazu einige Auszüge aus den Urteilen: „... in aller Regel eine nur unwesentliche Beeinträchtigung ...", „zu berücksichtigen, daß es sich um natürliche, nicht schädliche Auswirkungen handelt, die nur während eines ganz beschränkten Zeitraumes auftreten ...", „... auch die Folge einer ortsüblichen Nutzung ...".[109]

Wird eine Beeinträchtigung zugestanden, wird sie aber nicht als „wesentlich" betrachtet: „... die Einwirkungen die Benutzung des Grundstücks des Klägers nur unwesentlich beeinträchtigen ...", „... Arbeits- und Zeitaufwand (für Reinigung und Beseitigung) fällt nicht so ins Gewicht, daß hierfür eine Entschädigung in Geld verlangt werden könnte ...", „... keine Einwirkungen ..., die den Wohngenuß ... für Dauer und nachhaltig beeinträchtigen. Vielmehr handelt es sich um jahreszeitlich bedingte und beschränkte Einwirkungen ... regelmäßig hinzunehmen ..."[110] etc.

Gebietscharakter entscheidend

Selbst wo das Kriterium „wesentlich" zuerkannt wird, gilt lt. Pahlandt: „... bei Wesentlichkeit *i. d. R. ortsüblich und unvermeidlich*". Wurden z.B. durch herabfallende Zweige die Spitzen neu angepflanzter Bäume abgebrochen, war die Beeinträchtigung wesentlich – waren aber in der Umgebung die Grundstücke ähnlich bepflanzt, war die Bepflanzung ortsüblich und damit hinzunehmen. Dabei kommt es nicht darauf an, ob in der Umgebung die gleiche Art von Bepflanzung zu finden ist, ob also bei einem begrünten Dach in der Umgebung ebenfalls grüne Dächer gebaut wurden oder ob bei der Frage der Ortsüblichkeit einer Baumart „Pappeln, Kastanien, Weiden, Birken oder Obstbäume" wachsen – es geht lediglich um das „Gepräge" eines Gebietes, um die Frage, ob sein Charakter durch Bepflanzung mitbestimmt wird.[111]

Handelt es sich um ein durchgrüntes Gebiet, kann durch Samenflug zwar Arbeitsaufwand für Reinigung, Jäten, Harken, Absammeln etc. entstehen, die Beeinträchtigung ist aber ortsüblich; handelt es sich hingegen um ein ganz überwiegend versiegeltes Gebiet, wie eine Innenstadt, ist die Begrünung zwar nicht ortsüblich, wegen der Versiegelung entfallen aber Harken, Jäten, Absammeln etc., es muß nur gefegt werden; damit ist die Beeinträchtigung nicht mehr wesentlich.

Schließlich können finanzielle Forderungen lt. Pahlandt ausgeschlossen werden: „... für danach zu duldenden Befall *wegen Lagevorteil in begrünter Umgebung i. d. R. kein Geldausgleich*".

Wertewandel

Zwei Aspekte werden von den Gerichten hervorgehoben:

1. Das sich wandelnde Umweltbewußtsein der Bevölkerung und
2. die Wohlfahrtswirkungen der Vegetation.

Zu 1.: „... der Begriff der Wesentlichkeit der Beeinträchtigung ist entsprechend der Änderung der allg. Umweltverhältnisse und der Einstellung der Bevökerung einem ständigen Wandel unterworfen. Der Senat konnte dafür das geschärfte allg. Bewußtsein und Streben nach Erhaltung herkömmlicher Baumbestände nicht aus dem Auge lassen" etc.[112]

Zu 2.: „Laubfall im Herbst ist aber ebenso wie der Zuflug von Zweigen während der Herbst- und Frühlingswinde und das Umherfliegen von Samen im Sommer nur die Kehrseite der Annehmlichkeiten und Nützlichkeiten, die eine grüne Landschaft bietet."[113]

Viele Gerichte zählen die positiven Wirkungen der Vegetation auf und quantifizieren sie z. T. (Sauerstoffproduktion, CO_2-Reduktion, Luftbefeuchtung, Kühlung, Beeinflussung von Luftbewegungen etc.), wie das auch in der vorliegenden Ausarbeitung durchgeführt wurde.[114]

Wohlfahrtswirkungen

„Unter diesem Blickwinkel hat er (der Baum) eine im eigentlichen Sinne soziale, nämlich das Leben der Gemeinschaft fördernde Funktion. Ihr gegenüber müssen die Beschwerlichkeiten, die mit der Beseitigung der jahreszeitlich zufliegenden Imponderabilien Laub, Samen, Zweige verbunden sind, grundsätzlich eine untergeordnete Rolle haben .... Auch ist heute allgemein anerkannt, daß von Bäumen eine erhebliche Wohlfahrtswirkung (Sauerstoffproduktion, Luftreinigung, Luftkühlung usw.) ausgeht. Es versteht sich von selbst, daß ... mit erhöhtem Baumbestand auch mit einer vermehrten Einwirkung der Natur und somit auch mit pflanzlichen Immissionen zu rechnen ist. Diese sind deshalb hinzunehmen."[115] „Wenn die Nutzung (Bepflanzung) selbst erlaubt und erwünscht ist und planerisch gefördert wird, können deren Auswirkungen auf die Nachbarschaft nicht rechtswidrig sein."[116]

Ergebnis: Die *Festsetzung von Dachbegrünung* wird *keine nachbarrechtlichen Probleme* aufwerfen, da pflanzliche Immissionen hinzunehmen sind.

6.8 Sonstige Rechtsmaterien

Wie bei allen neuen Entwicklungen müssen die verschiedenen Rechtsmaterien auch auf die Dachbegrünung reagieren, während die Dinge schon im Fluß sind. So ist nicht bekannt, ob man bereits von „anerkannten Regeln der Bautechnik" sprechen kann – die FLL- und die Dachgärtnerrichtlinien repräsentieren aber mit Sicherheit schon den Stand der Technik.

Versicherungen stufen Gründächer inzwischen auch als „harte Bedachungen" ein.[117]

Gewährleistung

Unklarheiten gab es zunächst bei der *Trennung der Gewerke* – und damit bei der Gewährleistung – *zwischen Dachgärtner und Dachdecker.*

Dafür wurden inzwischen systemspezifische Lösungen gefunden:

Gewerketrennung

- Wo die Dachdichtung und die Wurzelschutzfolie separate Elemente sind, endet das Gewerk des Dachdeckers mit der Dachabdichtung und das Gewerk des Dachgärtners beginnt mit der Wurzelschutzfolie.
- Hat die Wurzelschutzbahn oder -plane zugleich die Funktion der Dachdichtung, fällt sie ins Gewerk des Dachdeckers.
- Die Fertigsysteme, bei denen auf die kombinierte Dachdichtungs-Wurzelschutzbahn nur spezielle Matten aufgerollt werden, können allein vom Dachdecker ausgeführt werden.[118]

Damit sind eindeutige Regelungen möglich, die dem Bauherren durch die Gewährleistungsregeln Sicherheit bieten. Bei Wahl geeigneter

Pflanzen und Materialzusammenstellung und ggf. Abschluß eines Pflegevertrages sind bei Mängeln *Produkthaftungsansprüche* gegen Hersteller durchsetzbar.

Die nachfolgende Übersicht zeigt die bei Dachbegrünungen besonders zu berücksichtigenden Normen und Richtlinien.

Tab. X: Normen und Richtlinien für Dachbegrünung

Richtlinien der Fachverbände für Dachabdichtung und Dachbegrünung

- ZVDH: Flachdachrichtlinien
- DDV: Dachgärtnerrichtlinien (für extensive Dachbegrünungen)[119]
- FLL: Grundsätze für Dachbegrünungen (u. a. Intensivbegrünungen)
- VDD: abc der Bitumenbahnen
- TAKK: Verlegehinweise Dachbahnen, Werkstoffblätter
- Unfallverhütungsvorschriften der Berufsgenossenschaften

VOB, Verdingungsordnung für Bauleistungen, Teil C:

Allgemeine technische Vertragsbedingungen für Bauleistungen:

- DIN 18 320 Landschaftsbauarbeiten
- DIN 18 336 Abdichtungsarbeiten
- DIN 18 338 Dachdeckungs- und Dachabdichtungsarbeiten

Normen für die Planung und Ausführung von Dächern, Dachabdichtungen und Bauwerksabdichtungen

- DIN 1055 Lastannahmen für Bauten (Teil 1: Eigenlasten, Teil 4: Verkehrslasten, Windlasten)
- DIN 1986 Entwässerungsanlagen für Gebäude und Grundstücke
- (DIN 4062) Dichtstoffe für Bauteile aus Beton (Wurzelschutzprüfung für Dachabdichtungen nicht ausreichend!)
- DIN 4095 Dränung zum Schutz baulicher Anlagen (Anforderungen an filterstabile Dränschichten auf Decken)
- DIN 4102 Brandverhalten von Baustoffen und Bauteilen (insbesondere Teil 7: Flugfeuerbeständigkeit von Bedachungen)
- DIN 4108 Wärmeschutz im Hochbau
- DIN 4109 Schallschutz im Hochbau
- DIN 18 195 Bauwerksabdichtungen (insbesondere Teil 5: Abdichtungen gegen nichtdrückendes Wasser, und Teil 10: Schutzschichten und Schutzmaßnahmen)
- DIN 18 531 Dachabdichtungen (Vornorm)
- verschiedene Stoffnormen (Dachbahnen, Dämmstoffe, ...)

Normen des Landschaftsbaues und Gütebestimmungen der Saat- und Pflanzenproduktion, Richtlinien zur Pflanzebene

für Intensivbegrünungen:

- DIN 18 915 Bodenarbeiten
- DIN 18 916 Pflanzen und Pflanzarbeiten
- DIN 18 917 Rasen- und Saatarbeiten
- DIN 18 919 Entwicklungs- und Unterhaltungspflege in Grünflächen

u. a.

ES IST JEWEILS DIE NEUESTE AUSGABE ZU BEACHTEN!

7 Empfehlungen

Dieses Kapitel umfaßt Überlegungen zu Flächen, für die Gründächer vorgesehen werden können oder sollten und zu Formulierungen für solche Vorgaben.

7.1 Allgemeines

Unterscheidung nach Gebietstypen

Zunächst werden verschiedene **Gebietstypen** betrachtet und auf Verträglichkeit von Dachgrün mit ihrem Charakter untersucht. Ausgegangen wird vom alten Stadtkern, dem **City-Bereich.** Begrünungen auf schrägen Dächern, die vom öffentlichen Raum her einsehbar sind, können hier deplaziert wirken; auf Flachdächern sind sie vom öffentlichen Straßenraum her nicht einsehbar und insofern unproblematisch.

Innenstadt

Der City-Bereich ist durch hohe Grundstücksausnutzung auch im hinteren Bereich der Grundstücke charakterisiert. Blockinnenbereiche sind im Erdgeschoß z.T. vollständig überbaut. Auf diesen Flachdächern sind Begrünungen – z.B. im Zuge von Sanierungen – besonders wegen ihrer Wirkung auf das Kleinklima in der Innenstadt sehr wünschenswert.

Gründerzeitviertel

Ähnliches gilt für den Ring der **städtischen Altbauquartiere,** die den Stadtkern umgeben: Einsehbare Schrägdachbegrünungen könnten im gewohnten Bild der Blockrandbereiche irritieren, begrünte Garagenanlagen und Nebengebäude im Blockinnenbereich könnten hingegen für die darauf schauenden umliegenden Anwohner ein viel erfreulicheres Bild bieten als die alten Schwarzdächer. Sie würden die Wohnqualität sowohl ästhetisch als auch klimatisch steigern.

Gewerbegebiete

An die Altbauquartiere schließen sich vielfach Gewerbegebiete an; **Gewerbe- und Industriegebiete** sind – nicht nur in diesem Bereich – durch einen hohen Versiegelungsgrad gekennzeichnet, weil neben den Hallen und Gebäuden die verbleibenden Grundstücksflächen als Lagerplatz, Verkehrsfläche, Parkplatz etc. befestigt werden und kaum begrünbare Flächen übrig bleiben. Eine gewisse Begrünung sollte bei Gewerbegebieten straßenbegleitend angeordnet werden, um einen annehmbaren optischen Eindruck zu erzielen; der darüber hinausgehende, wünschenswerte Begrünungsanteil kann bei Anordnung auf dem Dach (statt ebenerdig) einen wichtigen Beitrag zum sparsamen Umgang mit Flächen leisten.

Das ist auch insofern von Bedeutung, als gerade über großflächigen Hallendächern verstärkte Aufheizung der Luft und daraus resultierende Thermik mit den unangenehmen Begleiterscheinungen wie Staubaufwirbelung etc. bewirkt wird. Gründächer könnten das belastete Kleinklima dieser Gebiete am Ort der Belastungsquelle deutlich verbessern. Das gilt auch für Gebäude, die ebenso in Sondergebieten untergebracht werden können, wie großflächiger Einzelhandel, Krankenhäuser etc.

Großwohnsiedlungen

Wohngebiete der sechziger und siebziger Jahre, die von mehrgeschossigen Flachdachgebäuden geprägt sind, sind meistens durchgrünt; aufgrund bestehender Flächenreserven oder zur Wohnumfeldverbesserung (z. B. der Maßstäblichkeit) wird vielerorts über eine behutsame Nachverdichtung diskutiert. Dachbegrünung ersetzt einen Teil der dabei verlorengehenden Grundflächen. Auch Begrünungen bei Dachsanierung passen zu diesen Gebäudetypen.

Dorfkerne

Neubaugebiete

In den historischen Dorfkernen und in den vom Steildach geprägten Siedlungen der dreißiger Jahre würden einzelstehende Gründächer als Fremdkörper erscheinen; in den häufig angrenzenden Einfamilienhausgebieten gibt es diese Probleme nicht. **Neubaugebiete** können grüne Dächer erhalten, weil eine einheitliche Planung sie von vornherein berücksichtigen und in ein Gestaltungskonzept einbeziehen kann. Werden Schrägdachbegrünungen vorgesehen, ist ein Nebeneinander begrünter und unbegrünter Dächer zu vermeiden und statt dessen eine gestalterische Homogenität anzustreben.

Dachausbau

Bei Wohnbebauung ist bei der Entscheidung „Steildach mit Pfannen oder Flachdach mit Begrünung?" in die Abwägung einzubeziehen, daß Steildächer die Möglichkeit nachträglichen Ausbaus bieten. Dies ist allerdings keine Frage der zulässigen Geschoßzahl. Da der bundesrechtliche Begriff der „Vollgeschosse" an den landesrechtlichen Begriff des „Vollgeschosses" geknüpft ist, wird die zulässige Geschoßzahl weder durch einen (Steil-) Dachgeschoßausbau noch über ein auf ein Flachdach aufgesetztes „Penthouse" überschritten, sofern es die Höhe gem. § 2 (4) Satz 1 NBauO über weniger als zwei Drittel der Grundfläche des darunterliegenden Geschosses hat.

Auch bei der Geschoßflächenzahl gelten die neuen Überschreitungsmöglichkeiten nach den Überleitungsvorschriften des § 25 c (2) BauNVO gleichermaßen für Steildachausbauten wie für „Penthouse"-Aufbauten. Zu berücksichtigen ist, daß ein nachträglicher Steildachausbau weniger aufwendig als ein nachträglicher „Penthouse"-Aufbau auf einem vorhandenen Flachdach ist. Da Raumreserven i. d. R. über kurz oder lang aber auch genutzt werden, ist eine Herstellung des „Penthouse"-Rohbaus im Zuge des Neubaus des Gesamtgebäudes denkbar.

Wo durch strenge Festsetzungen relativ einheitliche Gebäudekörper vorgeschrieben werden, ist natürlich die Steildachvariante günstiger – nachträglicher Ausbau verändert die Gebäudekontur kaum, während einzelne „Penthouse"-Aufbauten neben Häusern ohne Aufbauten uneinheitlich wirken würden. In den sogenannten „Wildschweingebieten" (freistehende Einfamilienhäuser ohne Gestaltungsvorschriften), wo gestalterische Freiheit herrscht, entfällt dieses Argument.

Gründach und Kollektoren...

... auf Flachdächern

Eine weitere Frage ist die „Verträglichkeit" von Gründächern mit Sonnenkollektoren. Auf Flachdächern müssen Kollektoren wegen der erforderlichen Neigung zur Erzielung optimaler, mittlerer Einstrahlung auf Gestellen auf dem Flachdach angebracht werden. Die dadurch be-

Abb. 41 (oben und unten):
Dachgeschoßausbau
ist auch bei
Gründächern möglich

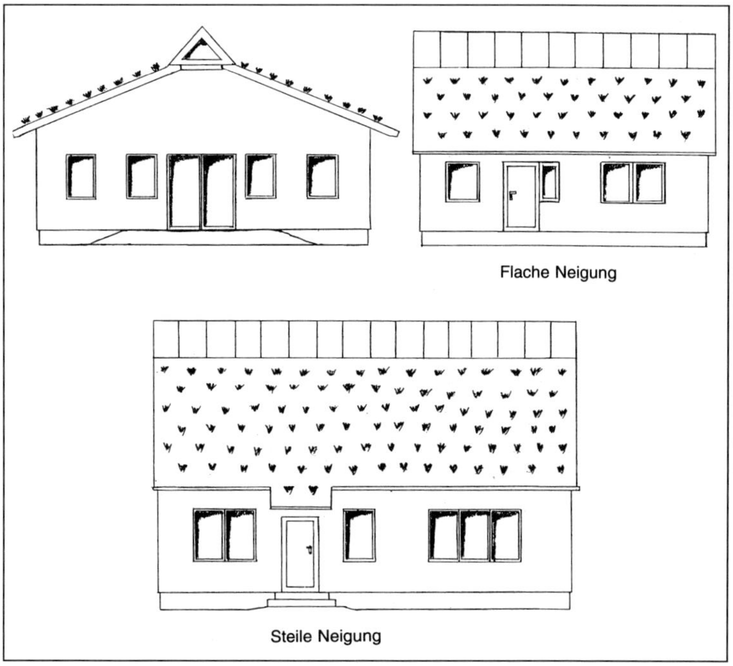

Abb. 42: Kombinationsmöglichkeiten von Begrünung auf geneigten Dächern mit Solaranlagen

wirkte Verschattung der Vegetation wandert mit der Sonnenbahn und wird das Grün nicht stören. (Bei der Anordnung der Gestelle sollte die Einsehbarkeit vom öffentlichen Straßenraum und die damit zusammenhängende ästhetische Frage berücksichtigt werden.)

Es gibt auch teilverspiegelte, hocheffiziente Vakuumkollektoren, die bei ausreichendem Röhrenabstand horizontal angeordnet werden können. Unter dem flachen Traggestell würden Sedumgesellschaften schlecht gedeihen, Gras-Kräuter-Gesellschaften sind möglich. Da die hocheffizienten Kollektoren auf einem Einfamilienhaus für eine vierköpfige Familie zur Warmwasserbereitung nur ca. vier (bis sechs) Quadratmeter benötigen (d.h. einen Bruchteil der Dachfläche), kann darunter auch Kies geschüttet werden, ohne die Funktion des Gründaches wesentlich zu beeinträchtigen.

... auf Steildächern

Auf Steildächern von Ein- oder Zweifamilienhäusern lassen sich Flachkollektoren mit Gründächern verbinden: die erforderliche Kollektorfläche von ca. acht bzw. sechzehn Quadratmetern kann man z. B. durch eine über die gesamte Firstlänge laufende Reihe von Kollektoren gestalterisch befriedigend anordnen.

Hat das Dach eine Neigung von weniger als 30°, können die Kollektoren in steilerem Winkel als eine Art Dachreiter auf dem First aufgestellt werden.

Bei großen Mehrfamilienhäusern können Kollektoren zur Warmwasserbereitung so viel Fläche benötigen, daß sie beim Flachdach der Begrünung Konkurrenz machen – bei Steildächern kann die Kollektoranlage dann auf der Südseite, das Grasdach auf der Nordseite angelegt werden.

Werden die Kollektoren (bei den verschiedenen Haustypen und Dachneigungen) nicht nur zur Warmwassererzeugung, sondern auch zur Raumheizung benutzt, wird wesentlich mehr Kollektorfläche benötigt.

Da Raumheizungssysteme mit Kollektoren i. d. R. mit Wärmepumpen arbeiten, die wegen des Energieträgers Strom umweltpolitisch strittig und wegen der hohen Betriebskosten auf dem Markt nicht erfolgreich sind, stellen großflächige Kollektoren zur Raumheizung keine Konkurrenz zu Gründächern dar.

7.2 Gebiete für das Festsetzen, Zulassen und Ausschließen von Gründächern

7.2.1 Gebiete für das Festsetzen von Dachbegrünung

7.2.1.1 Gründächer als Ausgleichs- oder Ersatzmaßnahme

Diese Empfehlungen sollten primär nicht an Gebäudetypen (Ein-, Mehrfamilienhäuser, (Tief-) Garagen, Büros, Hallen), sondern an Standorten orientiert werden – die Aussage sollte nicht lauten: „Hier ist ein Gründach zu wählen, weil ein Büro gebaut wird", sondern „Wenn an diesem Standort gebaut wird, dann ist ein Gründach zu wählen". Die Wertigkeit des Grundstücks soll also das Argument sein – dabei sind zum Beispiel von Bedeutung:

Wert der Eingriffsflächen

beim Grundstück selbst

- seine Pflanzenarten und deren Zusammensetzung (soweit schützenswert),
  Funktion als Lebensraum,
- Bedeutung für den Wasserhaushalt,
- Bonität des Bodens etc.

bei seiner Lage

- Lage in Frischluftschneisen,
- Lage in Kaltluftentstehungsgebieten,
- Funktion als „Trittstein",
- Bedeutung als Ortsrand,
- Nähe zu Landschaftsschutzgebieten, Naturschutzgebieten, geschützten Landschaftsbestandteilen, Europareservaten etc.
- Lage über Grundwasserströmen etc.

Das Zurückgreifen auf solche Kriterien macht die Festsetzung für den Bauherren einsichtiger als das Zurückgreifen auf Gebäudetypen („Wieso soll ich beim Büro ein Gründach wählen, beim Wohnhaus aber nicht?"); es schafft auch rechtliche Nachvollziehbarkeit und sichert die

Beurteilungsgrundlagen

Festsetzungen in dieser Hinsicht ab. Zur Beurteilung der Wertigkeit des Grundstückes können Landschaftsrahmenpläne, Landschaftspläne, Biotopkartierungen, Stellungnahmen der Naturschutzverwaltung etc. herangezogen werden.

Dachbegrünungen können in Bebauungsplänen für Gebiete festgesetzt werden, in denen ein Bedarf an Ausgleichs- bzw. Ersatzmaßnahmen i.S. des §8 BNatSchG entsteht und Dachgrün dafür eine geeignete Möglichkeit darstellt. Das kann insbesondere der Fall sein in Gebieten, in denen ein Aufheizen der Luft und eine Verringerung der Luftfeuchtigkeit unbedingt vermieden werden sollen, zum Beispiel bei angrenzenden, empfindlichen Lebensräumen. Das wird überwiegend am Stadtrand, aber zum Teil auch an den städtischen Parks in Betracht kommen.

Abwägung in der City

Eine andere Überlegung kann für die Innenstadt gelten. Hier ist zu erwägen, ob eine weitere, bauliche Verdichtung (Baulücken, Aufstocken, Ausbauten, Erweiterungen etc.) planerisch erwünscht und deren kleinklimatische Auswirkungen (inkl. deren Beeinflussung durch den zusätzlichen Verkehr) noch hingenommen werden können. Letzteres dürfte eine politische Entscheidung im Sinne eines Umweltqualitätszieles sein, das vermutlich fachgutachtlich abzusichern wäre. Dann könnte eine weitere Verdichtung gleichwohl zugelassen werden, wenn durch geeignete Ausgleichs- oder Ersatzmaßnahmen (im Verbund mit Festsetzungen bezüglich der Brennstoffwahl für das Heizen etc.) die klimatisch negativen Wirkungen minimiert werden. Dafür kann Dachbegrünung eine wichtige Rolle spielen.

Die Stadt Mannheim hat mit ihrer Begrünungsordnung schon vor Jahren vorgemacht, daß die Begrünung aller neuen Flachdächer in der Innenstadt vorgeschrieben werden kann.

7.2.1.2 Gründach als Kompensation erhöhter baulicher Nutzung

Kompensation erhöhter baulicher Nutzung

Läßt der Bebauungsplan einen hohen Versiegelungsanteil auf dem Grundstück zu, nutzt er insbesondere die Möglichkeiten des §19 Abs. 4 Satz 2 BauNVO (Überschreitung der Grundflächenzahl (GRZ), ggf. als Ausnahme), schränkt er Überschreitungen nicht im Sinne von §19 Abs. 4 Satz 3 BauNVO ein, so können als Kompensation dafür Gründächer festgesetzt werden. Das gleiche gilt bei Ausschöpfen des Repertoires nach §21 a Abs. 3 BauNVO (weitere Überschreitung der zulässigen Grundfläche).

Durch eine erhöhte Nutzung der Grundfläche gehen natürliche Bodenfunktionen des Grundstückes verloren (z.B. Wasserspeicherung). Wird das Dach des geplanten Gebäudes begrünt, übernimmt es einen Teil dieser Funktionen und rechtfertigt so eine erhöhte Grundstücksausnutzung. Durch eine erhöhte Ausnutzung bereits beanspruchter Flächen bleiben neue Flächen (z.B. „auf der grünen Wiese") unberührt.

Wird die Dachbegrünung bei erhöhter Ausnutzung bereits im B-Plan vorgesehen, herrscht für den Bauherrn schon mit dem ersten Blick auf den B-Plan Klarheit – ein „Feilschen" um die Begrünung in jedem Einzelfall entfällt.

Abb. 43: Die negativen Auswirkungen starker Verdichtung in der Innenstadt können durch Dachgärten ausgeglichen werden

7.2.1.3 Gründach aus gestalterischen Gründen

Landschaftsästhetische Anforderungen

Bisweilen besteht ein Interesse, Flächen zu bebauen, die gestalterisch besonders sensibel sind:

- wegen ihrer Lage am Ortsrand, wo ein Übergang zur Landschaft gestalterisch zu formulieren ist,
- wegen ihrer Lage in Waldnähe,
- wegen ihrer Lage in reizvollen, landschaftlichen Sichtbeziehungen, die die Attraktivität für Erholungsnutzungen prägen etc.

In diesen Fällen ist zu erwägen, ob eine Bebauung an die Bedingung ihrer Begrünung (u.a. Dachbegrünung) geknüpft werden sollte. Dafür kommt eine Gestaltsatzung in Frage, die Bestandteil der textlichen Festsetzungen eines B-Planes werden kann.

Gestaltsatzungen können ferner in Betracht gezogen werden in *Gebieten,* die durch (Dach-) Begrünung *einen speziellen,* identifikationsstiftenden *Charakter* bekommen sollen (etwa eine Waldsiedlung). In diesem Fall kann ausnahmsweise auch die Begrünung von Steildächern vorgesehen werden. Als Beispiel können wiederum die mehrfach erwähnten „Laher-Dachwiesen" dienen.

7.2.1.4 Gründach aus entwässerungstechnischen Gründen?

Denkbar sind

- bauliche Erweiterungen von Gebieten, deren Kapazität der Regenwasserkanalisation bereits ausgeschöpft ist, wo also neue Kanäle zu bauen wären; insbesondere, wenn dieser Neubau wegen der Bodenverhältnisse, des geringen Alters der Straßen, wegen angrenzender (ggf. zu entschädigenden) Nutzungen etc. besonders unwirtschaftlich wäre,
- Bebauungen von Gebieten, die wegen ihrer Höhenlage besonders aufwendig zu entwässern sind (Bau von Pumpstationen etc.).

Ersparnis der Kanalisation kein Festsetzungsgrund

In diesen Fällen könnte zur Vermeidung des Baues von Regenwasserkanälen an die Festsetzung von Dachbegrünung gedacht werden – da es aber auch andere bauliche Maßnahmen gibt, um die Ableitung von Regenwasser zu verhindern (Versickerungen, Nutzung des Regenwassers für WC-Spülung, Bewässerung, Reinigung etc.) und dem Bauherrn diese Wahl gelassen werden sollte, kommen Gründach-Festsetzungen allein aus entwässerungstechnischen Gründen nicht in Betracht.

7.2.2 Gebiete für das Ausschließen von Gründächern

Die meßbaren Wirkungen von Dachgrün sind erwünscht – ein Ausschluß von Dachbegrünungen kann aber aus ästhetischen und kulturellen Gründen in Betracht kommen:

Baudenkmale

- auf (eingetragenen oder gesetzlich definierten) Denkmalen und Gruppen denkmalgeschützter baulicher Anlagen, die unter Ensembleschutz stehen und in deren einsehbarer Umgebung,

Stadtbildprägende Bauten

- auf Gebäuden, die besondere Funktionen in der Stadtgestaltung haben, die Identifikationsträger sind oder werden könnten und in deren einsehbarer Umgebung, soweit sich ein Gründach gestalterisch nicht mit ihnen verträgt (gedacht ist zum Beispiel an Gebäude, die *Platzwände* bilden, die im Fluchtpunkt von Straßen stehen, die öffentliche Funktionen beinhalten oder dergleichen – auch wichtige *Blickachsen* sind in die Betrachtung einzubeziehen).

Ferner können im Einzelfall begrünte neben unbegrünten Steildächern an gestalterisch wichtigen Bereichen deplaziert wirken.

Ein Ausschluß von Gründächern ist also nur in Bereichen näher (ggf. mit Stadtbild- und Denkmalpflege) zu untersuchen, in denen Bestand überplant wird – in Neubaugebieten dürften die o. a. Kriterien hingegen i. d. R. nicht gegeben sein.

7.2.3 Gebiete für das Zulassen von Gründächern

Wo Gründächer nicht festgesetzt sind (siehe 7.2.1), aber auch nicht ausgeschlossen wurden (siehe 7.2.2), sollten sie zulässig sein – dafür bedarf es keiner besonderen Festsetzung.

7.3 Bagatellgrenzen: Garagen

Garagenbegrünung fordern?

Wird ein Bebauungsplan aufgestellt, so ist bei der Wahl der Mittel, mit denen bestimmte Ziele erreicht werden sollen, der *Grundsatz der Verhältnismäßigkeit* zu berücksichtigen. Hier soll untersucht werden, ob dieser Grundsatz bei der Festsetzung von Dachbegrünung auf Einzelgaragen noch gewahrt wird. Wegen ihrer großen Verbreitung und ihrer günstigen Kosten wird eine Fertiggarage zugrunde gelegt.

Technik:

Statik

Die Begrünung von Garagendächern ist technisch möglich. Aus statischer Sicht reichen die Lastreserven für die leichten Extensivbegrünungen mit Schaumstoff- oder Steinwollematten etc., aber auch für Vulkangesteinsubstrate in der Regel aus; zur Sicherheit **kann,** bei schwereren Begrünungen **muß** eine zusätzliche Bewehrungsmatte bei der Produktion in die Garagendecke eingelegt werden, die die Belastbarkeit auf 5 kN/m² (≙ 500 kp/m²) steigert. Die Kosten dafür betragen laut Herstellerangaben 150,– DM, d. h. 2% des Garagenpreises.

Zusätzliche Lasten

Es gibt auch Fertiggaragen aus dem Katalog, die von vornherein Lasten von 3,5 kN/m² (≙ 350 kp/m²) zulassen. Die Lasten von aufwendigen (A) und einfachen (B) Intensivbegrünungen und von Extensivbegrünungen (C) auf einer Garage von 20 m² betragen:

A	B	C
360 kp/m² · 12,25 m² = 4.410 kp (Substrat)	100 kp/m² · 12,25 m² = 1.225 kp (Substrat)	35 kp/m² · 12,25 m² = 429 kp (Substrat)
10 kp/cm · m² · 20 cm · 8 m² = 1.600 kp (Kies)	10 kp/cm · m² · 15 cm · 8 m² = 1.200 kp (Kies)	10 kp/cm · m² · 5 cm · 8 m² = 400 kp (Kies)
Summe ca. 6.000 kp	Summe ca. 2.400 kp	Summe ca. 830 kp

Fertiggaragen haben eine umlaufende Attika von 8 bis 12 cm Breite und vorne 5 cm, hinten 15 cm Höhe. Begrünbar ist die Mulde dazwischen. Davon geht noch der umlaufende Kiesstreifen ab, der bei normalen Dächern 0,5 m breit ausgeführt wird.

Von der Grundfläche von 15 bis 20 m² gehen also bei einer Garage von 5,27 · 2,74 m ab: (0,1 + 0,5) · (5,27 · 2) + (0,1 + 0,5) · (1,54 · 2) = 8,2 m², bei 6,0 · 3,36 m: (0,1 + 0,5) · 6 · 2 + (0,1 + 0,5) · 2,18 · 2 = 9,8 m², so daß nur 7 bis 10 m² übrigbleiben.

Reduziert man den Kiesstreifen auf 0,25 m, weil Brandüberschlagsprobleme sicherlich unbedeutend und Frostaufbrüche bei der geringen Gesamtfläche marginal sein werden, verbleiben ca. 10 bzw. 14 m^2.

Tab. XI: Flächenleistung des Gründaches und Auswirkung auf die Umwelt[120]

	A	B	C
Blattoberfläche	100 m^2/m^2 Dach bei 20 cm Substrat u. 14 m^2 Dach = 1.400 m^2	75 m^2/m^2 Dach bei 15 cm Substrat u. 14 m^2 Dach = 1.050 m^2	2,4 m^2/m^2 Dach bei 5 cm Substrat u. 14 m^2 Dach = 33,5 m^2
Verdunstung an Spitzentagen	1400 $m^2 \cdot 0{,}5\ l/m^2 \cdot d$ = 700 l/d	1050 $m^2 \cdot 0{,}5\ l/m^2 \cdot d$ = 525 l/d	33,5 $m^2 \cdot 0{,}5\ l/m^2 \cdot d$ ≈ 17 l/d
von Juni bis August fallen 200 mm Regen, entsprechend bei 20 m^2 Dachfläche:	4000 l	4000 l	4000 l
auf begrünten Teil (14 m^2):	2800 l	2800 l	2800 l
davon verdunsten:	2800 l	2000 l	1350 l
Temperaturabsenkung der Luft durch Verdunstung, Juni bis August, ca.	6100 m^3/d um 10 K = 3fache Garagenfläche · 100 m Luftsäule	4400 m^3/d um 10 K = doppelte Garagenfläche · 100 m Luftsäule	850 m^3/d um 10 K > Drittelgaragenfläche · 100 m Luftsäule
Erhöhung Luftfeuchte von 30 auf 60% an einem Spitzentag	in 135.000 m^3 Luft	in 100.000 m^3 Luft	in 3.150 m^3 Luft
Staubbindung	300 p/100 m^2 Blattoberfläche · 1.400 m^2 = 4,2 kp/a	200 p/100 m^2 · 1.000 m^2 = 2 kp/a	200 p/100 m^2 · 33 m^2 = 66 p/a
Wasserspeicherung, ca.	120 l/m^2 · 14 m^2 = 1.680 l	67,5 l/m^2 · 14 m^2 = 945 l	20 l/m^2 · 14 m^2 = 280 l = Starkregen (r_{15})

Bewertung

Bewertung: Typ A ist sehr leistungsfähig, wird aber kaum vorkommen. Die Leistungsfähigkeit von Typ B beträgt 50 bis 70% von Typ A, die von Typ C bis zu 50% von A. Die Leistung von C ist nicht so bedeutsam, daß eine Festsetzung von Extensivbegrünung auf einer Einzelgarage aus stadtklimatischen Gründen gerechtfertigt wäre. Die Leistung von Typ B hingegen ist beachtlich.

Pluspunkte

Für die Garagendachbegrünung spricht folgende Argumentation:

1. Wenn in der ohnehin hochversiegelten **Innenstadt** weitere Flächen mit Garagen bebaut werden, dann sollte dafür auch ein Ausgleich geschaffen werden. Da die Verbesserung des Kleinklimas in

der Innenstadt am dringlichsten ist, soll jede in Betracht kommende Fläche auch genutzt werden.

2. In **Altbauquartieren** gehen neue Garagenbauten zum Teil auf Kosten von Vorgärten, Grünflächen in Blockinnenbereichen oder gering versiegelten Flächen neben Gebäuden. Auch für diese Fälle soll Ausgleich durch Garagendachbegrünung geschaffen werden.

Gegen die Garagendachbegrünung:

Gegenargumente

1. Fraglich ist, wieviel Flächen im Citybereich durch neue Einzelgaragen überhaupt noch bebaut werden. Die Menge dürfte so gering sein, daß sie eine Festsetzung nicht rechtfertigt. Dasselbe dürfte für die Altbauquartiere gelten. Es wird sich in aller Regel um „im Zusammenhang bebaute Ortsteile" handeln, die nur selten überplant werden – die Zulässigkeit von Bauvorhaben richtet sich dann nach § 34 BauGB, so daß keine Möglichkeit zur Forderung von Dachbegrünung besteht.
   In Neubaugebieten ist der Versiegelungsgrad hingegen viel geringer, die klimabezogene Leistung der begrünten Garage hätte einen geringeren Stellenwert – bei Einzelgaragen ist daher auch hier die Festsetzung unverhältnismäßig.
2. Das extrem ungünstige Verhältnis von Randfläche zu begrünbarer Fläche von ca. 1 : 1 bis 1 : 2 wurde bereits erwähnt. Bei der kleinen Fläche sind unverhältnismäßig viel Randabschlußelemente erforderlich.
3. Die geringe Flächengröße spielt auch bei den Kosten eine Rolle: Einer der großen Fertiggaragenhersteller bietet eine komplette Begrünung zu seinen Garagen für gut 2300,– DM an. Ein ortsansässiger Anbieter rechnet je nach Begrünungstyp mit Kosten von 850,– bis 1500,– DM je Garage, ein ortsansässiger Landschaftsbaubetrieb bietet ein Paket für Heimwerker mit vorgefertigter Wurzelschutzfolie für gut 1000,– DM an; läßt man dieses Paket vom Fachmann aufbringen, kostet es insgesamt 1300,– bis 1500,– DM. Materialien für eine einfache Intensivbegrünung kosten ca. 1000,– DM. (Auch Carports werden begrünt geliefert, z. B. ein Doppelcarport mit Extensivbegrünung für ca. 4000,– DM.)

Gesamtkosten

Kostenaufwand[121]	Typ A	Typ B	Typ C
Material:	2.600,00 – 4.100,00 DM	1.100,00 DM	200,00 – 1.200,00 DM
Lohn:	750,00 DM	550,00 DM	250,00 – 450,00 DM

Diese Kosten sind in Relation zu den Kosten für die unbegrünte Garage zu setzen: Mit Fundament und Bodenplatte betragen sie 7600,– DM inklusiv Mehrwertsteuer für den kleinsten Garagentyp; die Begrünung des Daches erfordert also ca. *15 bis 25% Mehraufwendungen* bei Extensiv- oder einfacher Intensivbegrünung.

Mehraufwendungen

Aufgrund dieser drei Gegenargumente wird die Festsetzung von *Begrünung von Einzelgaragen* in B-Plänen *nicht empfohlen.*

Ergebnis

Anders ist es bei *Garagenanlagen:* Während die Auswirkungen der Begrünung einer Einzelgarage nach Einschätzung eines Klimagutachters gering sind, erhöhen sie sich bei zunehmender, zusammenhängender Fläche. Dächer von Garagengruppen über 60 m² Grundfläche sollten begrünt werden. Die Unterbrechung der Fläche durch Kiesstreifen und Attiken bei nebeneinander gestellten Einzelgaragen wird dabei in Kauf genommen.

Die Begrünung wird auch im Hinblick auf die oft vorliegende Einsehbarkeit von Garagendächern empfohlen: 60 m² Schwarzdach sind ein trostloser Anblick, 60 m² Gründach hingegen in den überwiegenden Jahreszeiten ein angenehmerer Anblick. Aus Gründen der Klimaverbesserung sollten Substrathöhen von 15 cm (entsprechend Typ B) empfohlen werden.

7.4 Festsetzungen bezüglich des Begrünungstyps?

Begrünungstyp nach Gebäudenutzung...

Will man die Festsetzungen stärker differenzieren und detaillieren, kommen folgende Gebäude und Nutzungen für die jeweiligen Begrünungssysteme in Betracht:

1. Für aufwendige Intensivbegrünungen:
   Nicht überbaute Tiefgaragendecken, Bürogebäude, Altenheime oder Krankenhäuser – insbesondere in hoch ausgenutzten Bereichen.
2. Für einfache Intensivbegrünungen:
   Wohnnutzungen, Dachgeschoßausbauten.
3. Für Extensivbegrünungen:
   Gewerbe- und Industriehallen, Wohnnutzungen, Dachsanierungen, zum Teil Büronutzungen oder Sportanlagen (insbesondere im landschaftlichen Bereich oder bei Parks).

...als Empfehlung

Diese Zuordnungen sollten aber nur in die Festsetzungen einfließen, wenn das – zum Beispiel als Ausgleich oder Ersatz für Eingriffe – nachvollziehbar zu fordern ist (in diesen Fällen können sogar Pflanzenlisten vorgeschrieben werden, wenn bestimmte Pflanzengesellschaften der überbauten Erde auf dem Dach wieder angesiedelt werden sollen und können); im übrigen können die o. a. Zuordnungen als Empfehlungen zum Beispiel in die Begründung aufgenommen werden.

7.5 Vorschläge für die Formulierung von Festsetzungen

Textbausteine

Festsetzungen können aus folgenden Textbausteinen zusammengesetzt werden:

„Dachflächen/Flachdächer/flach geneigte Dächer (bis .... Grad Neigung)/aller baulichen Anlagen/der Nebengebäude/müssen/zu ....%/mit Ausnahme von Teilflächen unter .... m²/dauerhaft/fachgerecht/mit bodendeckenden Pflanzen begrünt sein;/flächige Ausfälle der Vegetation ab .... m² sind zu ergänzen (dabei sind Substratschichten von mindestens ...cm/Pflanzen/Samen/Sprossen der

Pflanzliste ... zu wählen). Nicht überbaute Decken von Tiefgaragen müssen dauerhaft fachgerecht bepflanzt sein .... sind mit einer mindestens 80 cm dicken Bodensubstratschicht zu überdecken und müssen dauerhaft fachgerecht bepflanzt sein .... sind mit einer mindestens 80 cm dicken Bodensubstratschicht zu überdecken und müssen dauerhaft fachgerecht mit mindestens einem flachwurzelnden Baum 3. Ordnung je 50 m² und ... begrünt sein. Pro ... unterbauten Quadratmetern Grundstücksfläche ist ein/großkroniger/Baum auf der nicht überbauten Grundstücksfläche zu pflanzen/ersatzweise können auf der unterbauten Grundstücksfläche pro .... m² ein flachwurzelnder Baum/mit einem minimalen Stammumfang von .... cm gepflanzt werden/in einem mindestens .... cm starkem Bodenauftrag/; dabei gilt die Pflanzliste Nr. ..../als Empfehlung."

Ausnahmen können zugelassen werden, wenn z. B. zusätzlich Wandflächen im Verhältnis 1 : 5/.../begrünt werden. Dabei muß je lfd. Meter mind. 1 Pflanze ....

Bei extensiver Begrünung müssen die Dächer vollflächig, bei intensiver Begrünung zu 40%/....%/ dauerhaft begrünt sein.

Eine kurze textliche Festsetzung kann z. B. lauten:

„Im Plangebiet müssen Dachflächen über 20 m² Größe dauerhaft und vollflächig fachgerecht begrünt sein. Ausgenommen hiervon sind Dachterrassen, lichtdurchlässige Teilflächen und technisch notwendige Dachaufbauten."

Diese Festsetzung wurde z. B. in einem Bebauungsplan mit über 500 Wohneinheiten in relativ homogener Baustruktur mit vorgeschriebenen Flachdächern gewählt.

Wird die Dachbegrünung auf die „Eingriffs-Ausgleich-Bilanz", also als Kompensation von Eingriffen i. S. des Naturschutzrechtes (gedanklich) angerechnet, ist der Begründung des B-Planes hinzuzufügen: „Die Festsetzung dient dem Ausgleich von Eingriffen i. S. von § 7 NNatG (bzw. entsprechendem Landesnaturschutzgesetz)."

7.6 Zur städtebaurechtlichen Erforderlichkeit und Begründung von Begrünungsfestsetzungen

Das Gutachten der Forschungs- und Informationsgesellschaft für Fach- und Rechtsfragen der Raum- und Umweltplanung mbH im Auftrag des Bundesministers für Raumordnung, Bauwesen und Städtebau macht deutlich, warum solche klassischen „Grün"-Themen heute in den B-Plan gehören:

„Städtebaurechtliche Erforderlichkeit von Begrünungs- und Grünerhaltungs-Festsetzungen

Abwägung

Bezüglich der Bereiche, für die Begrünungs- und Grünerhaltungs-Festsetzungen in Bebauungsplänen getroffen werden, ist dargelegt worden, daß die Gemeinde bei ihrer Planungsentscheidung die im jeweiligen Planungsfall erheblichen öffentlichen und privaten Belange zu berücksichtigen und das Abwägungsgebot zu beachten hat. Nichts anderes gilt für die Frage, ob und welche dahingehenden Festsetzungen getroffen werden können und ggf. getroffen werden müssen.

Belange der Abwägung

In dieser Hinsicht kann es keinem Zweifel unterliegen, daß bereits das (dritte) Oberziel der Bauleitplanung, mit ihr dazu beizutragen, „eine *menschenwürdige Umwelt* zu *sichern*" (§ 1 Abs. 5 Satz 1 BauGB), der Begrünung der Baugebiete und der größtmöglichen Erhaltung des in ihnen vorhandenen Grüns zu einer gewichtigen Bedeutung verhilft. Und dies nicht nur wegen der günstigen Auswirkungen der Pflanzen aller Art auf die menschliche *Gesundheit,* sondern auch wegen des in jeder Hinsicht *wohltuenden Anblicks* des Grüns, das viele harten Kanten und Linien der Bauwerke und Erschließungseinrichtungen verdecken und in einem Wohnbaugebiet bei entsprechendem Alter der Bäume und Sträucher gar zum vorherrschenden Eindruck werden kann.

Oberziele der Bauleitplanung

Mehr aus der Sicht der Natur selbst wird die Bedeutung von Begrünungs- und Grünerhaltungs-Festsetzungen unterstrichen durch das neue (vierte) Oberziel der Bauleitplanung, das ihr zur Pflicht macht, dazu beizutragen, „die *natürlichen Lebensgrundlagen zu schützen und* zu *entwickeln*" (ebenfalls in § 1 Abs. 5 Satz 1 BauGB). Die natürlichen Lebensgrundlagen sind Boden, Wasser, Luft, Klima, Tier- und Pflanzenwelt; auch Begrünungs- und Grünerhaltungs-Festsetzungen können zu ihrem Schutz und zu ihrer Entwicklung beitragen. Hinzu kommt, daß das Naturschutzrecht ausdrücklich den „besiedelten" vor dem „unbesiedelten" Bereich als Gegenstand der Ziele des Naturschutzes und der Landschaftspflege nennt (§ 1 Abs. 1 BNatSchG) und gemeinsam mit den „anderen Behörden und öffentlichen Stellen" auch die Gemeinden verpflichtet, „im Rahmen ihrer Zuständigkeit die Verwirklichung der *Ziele des Naturschutzes* und der Landschaftspflege zu *unterstützen*" (§ 3 Abs. 2 BNatSchG; wie dessen § 1 eine unmittelbar geltende Rechtsvorschrift).

Weiterhin verpflichtet das Bundesbaurecht die Träger der Bauleitplanung dazu, bei der Aufstellung der Bauleitpläne „die *Belange des* Naturschutzes und der Landschaftspflege, insbesondere des *Naturhaushaltes, des Wassers, der Luft und des Bodens* ... sowie das Klima" zu *berücksichtigen* (§ 1 Abs. 5 Satz 2 Nr. 7 BauGB). Damit werden den Gemeinden die bundesrechtlichen Ziele und Grundsätze des Naturschutzes und der Landschaftspflege (§§ 1 und 2 BNatSchG) zur Berücksichtigung als Belange der Bauleitplanung aufgegeben.

Aus der Auflistung der bei der Bauleitplanung zu beachtenden Belange sind im vorliegenden Zusammenhang noch zu erwähnen:

- die allgemeinen Anforderungen an gesunde Wohn- und Arbeitsverhältnisse (§ 1 Abs. 5 Satz 2 Nr. 1 BauGB) und
- die Gestaltung des Orts- und Landschaftsbildes (§ 1 Abs. 5 Satz 2 Nr. 4 BauGB).

Unter den Maßnahmen, mit denen diesen Belangen Rechnung getragen werden kann, spielen die Begrünung und die Grünerhaltung keine nachgeordnete Rolle.

Nimmt man alles zusammen, so läßt sich der Schluß gewinnen, daß Maßnahmen der Begrünung von Baugebieten und der weitergehenden Erhaltung des in ihnen bereits vorhandenen Grüns nach dem Willen des Bundesgesetzgebers *nicht nur* in der Regel *zulässig, sondern* im Sinne einer die Umweltbelange berücksichtigenden Bauleitplanung *auch erforderlich* sein können." [122]

Weitere Begründung

Diese Aspekte können für die Begründung der Festsetzungen herangezogen werden. Ferner sind – abgestimmt auf den Einzelfall – folgende Aspekte nach den bisherigen Erfahrungen als Begründung anerkannt [123]:

- Lufthygienische Verbesserungen durch Schaffung von Grünflächen in hochverdichteten und hochbelasteten Gebieten (wenn andere Flächen nicht – ausreichend – zur Verfügung stehen), daneben Staubbindung, Erhöhung der Luftfeuchte und Sauerstoffanreicherung.
- Kleinklimatische Verbesserung in sich überhitzenden Gebieten.
- Förderung eines Temperaturgefälles zwischen Dach und Straße, um kleinräumigen Luftaustausch zu erreichen.
- Reduzierung versiegelter Flächen in hochverdichteten Bereichen.
- Besondere stadtgestalterische Gründe.

„Diese Begründungen reichen auch aus, um das rechtliche Verfahren durchzustehen und der planungsrechtlichen Nachprüfbarkeit standzu-

Abb. 44: Eine blühende Wiese statt eines grauen Teerpappdaches

Beispiel einer Begründung

halten.“[124] Sie sollten nicht allgemein formuliert bleiben, sondern fallbezogen und ggf. – zum Beispiel auf der Grundlage der Quantifizierungen dieses Buches – detailliert werden (zum Beispiel: ‚Die Lage am Rande eines Kaltluftentstehungsgebietes erfordert eine Unterstützung dieser Funktion – die Verdunstungsleistung und daraus resultierende Lufttemperatursenkung der festgesetzten großflächigen Dachbegrünung kann dazu einen erheblichen Beitrag leisten‘).

Ergänzungen

Ergänzend können folgende Aspekte hinzugezogen werden:

- (Wieder-) Gewinnung/Vergrößerung von Grünflächen und grünbestimmten Freiräumen/Abbau von Freiflächendefiziten/an Standorten, die durch andere Nutzungen mit-/überbeansprucht werden.
- Mehrfachnutzung der gleichen Grundstücksfläche auf verschiedenen Geschoßebenen ohne zusätzliche Grunderwerbskosten – bei hohen Grundstückspreisen.
- Zuordnung von erlebbaren/benutzbaren/öffentlichen/privaten grünbestimmten Freiräumen zum unmittelbaren Wohn-/Arbeits-/Aufenthaltsbereich des Menschen.
- Erhöhung des Anteils an Pflanzen/Grünelementen/Grünflächen als erlebbare/akzentuierende/gliedernde/raumbildende Gestaltungselemente.
- Verbesserung des naturhaften Erlebnisses einsehbarer Dachflächen im Nahbereich durch Pflanzen, Grünelemente und Grünflächen – im Gegensatz zum Kies-/Teerpappedach.[125]

Die o.a. städtebaulichen, stadtgestalterischen, grünplanerischen und naturhaushaltbezogenen Kriterien dürften für alle Fälle der Empfehlungen ausreichende und „gerichtsfeste“ Begründungen liefern. Der B-Plan „Kassel-Frasenweg“ sei als Beispiel eines B-Planes erwähnt, der schon vor Jahren Gründächer vorschrieb.

7.7 Kommunale Richtlinie für Dachbegrünung

7.7.1 Zielsetzung

Ausgangspunkte für Richtlinien

Die Anforderung des Baugesetzbuches an städtebauliche Planungen, auch dem Schutz und der Entwicklung der natürlichen Lebensgrundlagen zu dienen, kann eine Gemeinde z. B. umsetzen, indem sie sich eigene Richtlinien für ihr Handeln gibt. Eine Richtlinie kann ein Element eines Programmes sein, das das Gemeindeparlament verwirklichen will. Sie hat die Qualität eines Grundsatzbeschlusses bzw. einer Zielvorgabe. Die Ratsherren qualifizieren und akzentuieren damit ihre lokale Politik.

Ziele

Entsprechende Grundsatzbeschlüsse kennen wir auch auf höheren institutionellen Ebene, z.B. den Kabinettsbeschluß der Bundesregierung, die Kohlendioxidemissionen bis zum Jahr 2005 um 25% gegenüber dem Stand von 1987 zu reduzieren. Mit einem solchen Beschluß setzt die Politik Maßstäbe, an denen sich künftige Entscheidungen in verschiedenen Aufgabenfeldern messen lassen. Damit wird Politik nachvollziehbar, überprüfbar und somit glaubwürdig – wichtige Aspekte in Zeiten wachsender Politikverdrossenheit.

Wirkungen

Eine kommunale Richtlinie hat nicht nur Auswirkungen auf das Handeln der Gemeinde – vielmehr setzt sie Signale, die bei verschiedensten Akteuren, bei der Wirtschaft, bei Kammern, bei Verbänden und bei Bürgern nicht ungehört bleiben. Gute Beispiele sind Grundsatzbeschlüsse über die Verwendung einheimischer Hölzer anstelle von Tropenholz oder die Vermeidung von PVC bei Beschaffungen. Die Einsicht in den Sinn solcher Verhaltensweisen fällt dem Einzelnen leichter, wenn sein Gemeinwesen mit gutem Beispiel vorangeht.

Anstoß

Mit kommunalen Richtlinien können also wichtige Signale gesetzt werden. Eine Richtlinie über Dachbegrünung kann ein Baustein lokaler Umweltpolitik sein. Von entscheidender Bedeutung für den Erfolg ist der Prozeß ihrer Entwicklung und Vermittlung. Der Impuls zu ihrer Aufstellung kann aus der Verwaltung, aus politischen Gremien oder Gruppierungen, von Bürgern oder Initiativen ausgehen. Auch ein Einzelprojekt kann zum Anlaß dafür genommen werden, über Dachbegrünung im allgemeinen nachzudenken.

Meinungsbildung der Verwaltung

Die Konkretisierung der Zielsetzung und die Formulierung der Richtlinie wird zweckmäßigerweise in den Händen der Gemeindeverwaltung liegen. Schon dabei ist große Sorgfalt und ein langer Atem notwendig: Schnell wird deutlich werden, wie schwierig es ist, beispielsweise die Interessen des Umweltamtes und die des Amtes für Wirtschaftsförderung unter einen Hut zu bringen. Gespräche zwischen den verschiedenen Ämtern des Baudezernates und weiteren Dezernaten sind dabei nicht erfolgversprechend, da die unterschiedlichen Zielsetzungen der Ämter häufig in einer Form aufeinanderprallen, die kaum zu Kompromissen zusammenzuführen sind, die von allen mitgetragen werden. Zudem spiegeln sich die unterschiedlichen Zielsetzungen oft in den jeweiligen Persönlichkeiten, so daß persönliche Animositäten manchmal eher den Ausschlag geben als Diskrepanzen in der Sache.

Den gordischen Knoten löst dann nur ein Machtwort des Dezernenten, das von den „Unterlegenen" nur widerwillig hingenommen und nach außen nicht überzeugend vertreten wird.

Ratsam sind stattdessen in dieser Phase Einzelgespräche mit den jeweiligen Ämtern. So ist z. B. das Umweltamt von Maximalforderungen abzubringen, indem erläutert wird, daß ohne Kompromisse die Richtlinie als Ganzes gefährdet ist; zugleich ist das Amt für Wirtschaftsförderung davon zu überzeugen, daß Dachbegrünung ein Element der anspruchsvollen Gestaltung zeitgemäßer Gewerbegebiete sein kann, die eine „Adresse" für die Selbstdarstellung der Unternehmen sein sollen. (Anmerkung: Die Gegenüberstellung dieser Ämter wurde bewußt pointiert, um Konflikte deutlich zu machen.)

Reibungsverluste

Die kommunale Richtlinie, die im folgenden vorgestellt wird, konnte auf diese Weise allen Ämtern vermittelt werden und wurde von allen mitgezeichnet. Sie wurde dann ohne jegliche „Vorwarnung" fertig formuliert und abstimmungsreif in die Ausschüsse eingebracht, was sich als vorschnell erwies: Die Politiker fühlten sich „überfahren" und nicht in die Entwicklung der Richtlinie einbezogen und beschlossen sie daraufhin nicht in der vorgesehenen Form.

Auch hier sind also schon in der Entstehungsphase Vorgespräche mit einzelnen Vertretern kommunaler Gremien dringend anzuraten, insbesondere mit den Fraktionsvorsitzenden der Parteien, mit den Ausschußvorsitzenden von Planungs- und Bauausschuß, Wirtschaftsausschuß, Umweltausschuß etc. bzw. mit den jeweiligen „Spezialisten" dieses Themenbereiches in den Ausschüssen. Dabei kann „die Stimmung der Parteien ausgelotet" werden, darüber hinaus kommen u. U. noch neue Aspekte in die Diskussion – entscheidend ist, daß die angesprochenen Politiker das Thema aufgreifen, es sich aneignen und selbst aktiv vertreten.

Weitere Akteure einbeziehen

Wichtige Entscheidungsträger wie die Industrie- und Handelskammer sollten ebenfalls im Vorfeld beteiligt werden, wobei Gespräche „auf höherer Ebene" angemessen sind – Pläne oder Photos gelungener Beispiele von Dachbegrünungen auf Gewerbebauten und Informationen über das Vorgehen anderer Kommunen unterstützen hier die Argumentation.

Ideal wäre auch die *Information der Öffentlichkeit* zu einem frühen Zeitpunkt, um die Bürger in aktuelle, politische Diskussionsprozesse einzubeziehen und potentiellen Bauherren schon in der Planungsphase die Chance zu geben, Dachbegrünungen in ihre Entwurfsüberlegungen einzubeziehen. Eine Bürgerversammlung ist dafür nicht erforderlich, angemessen wäre ein Bericht in der lokalen Zeitung und eine Auswertung von Leserbriefen, Anrufen etc.

Die öffentliche Diskussion, die eine Richtlinie über Dachbegrünung auslösen kann, ist vielleicht ihre wichtigste Wirkung. Bauen wird als Eingriff in Umwelt oder Landschaft dargestellt, die Bedeutung verlorengehender Bodenfunktionen durch Versiegelung wird thematisiert, ohne bei einer Negativ- oder Abwehraussage stehenzubleiben: Dachbegrünung wird als Kompensationsmöglichkeit vorgestellt, ihre Möglichkeiten und ihre Grenzen werden abgesteckt und sie wird in einen Zusammenhang mit anderen Kompensationsmöglichkeiten gestellt, die als Verbund erst der Vielschichtigkeit natürlicher Vernetzungsfunktionen gerecht werden. In dieser Phase können auch Abendveranstaltungen von Vereinen, Verbänden oder Initiativen, von Dachgärtnern, (Landschafts-)Architekten und Volkshochschulen die Vermittlung der Inhalte begünstigen, Podiumsdisskussionen oder Ausstellungen bilden weitere Bausteine. Wer hier tätig wird und welcher Umfang dabei für angemessen gehalten wird, hängt natürlich ganz von den lokalen Verhältnissen ab und kann z. T. privater Initiative überlassen bleiben. Einzelgespräche können interessant und fruchtbar sein.

Die folgende Richtlinie orientiert sich natürlich an den konkreten Bedingungen und räumlichen Strukturen, die in der Stadt vorzufinden sind, für die sie ausgearbeitet wurde. Sie kann aber als Beispiel für entsprechende Entwürfe dienen und umreißt die Überlegungen, die für eine Richtlinie für Dachbegrünung anzustellen sind.

Flexibilität erhalten

Es wurde bewußt die Form der Richtlinie gewählt, die nicht alle künftigen Fälle zwingend regelt, sondern in jedem Einzelfall (z. B. bei jedem Bebauungsplan) zu prüfen und auf die jeweiligen Verhältnisse zuzuschneiden ist. Dadurch bleiben viele Formulierungen „weich", nur so kann aber die in der Planung notwendige Flexibilität sichergestellt werden. Entscheidend ist vielmehr die Grundaussage, daß Dachbegrünung künftig eine wichtige Rolle in den angesprochenen Bereichen spielen soll. Damit ist das erwünschte Signal bereits gesetzt.

7.7.2 Wirkung der Richtlinie

Es handelt sich um ein zwischen allen beteiligten Dienststellen *abgestimmtes und von allen mitgezeichnetes Konzept.* Es ist ein Verwaltungsinternum ohne direkte Rechtswirkungen und muß daher auch nicht von den politischen Gremien beschlossen werden; Rechtswirkungen für den Bürger entfalten erst die konkreten Maßnahmen, mit denen die Richtlinie umgesetzt wird. Diese Maßnahmen – z. B. Bebauungspläne, Grundstücksverkäufe – werden politisch beschlossen.

Die Richtlinie ist also ein *Instrument der Entscheidungsvorbereitung.* Eine Prüfung der Anwendbarkeit im Einzelfall bleibt erforderlich, für die Ermessensentscheidungen ist eine klare Richtschnur vorgegeben. Früher mußten für jede Entscheidung Kriterien entwickelt werden – hier werden Kriterien für alle Gebietstypen definiert, so daß aus der Tabelle der Richtlinie (S. 113) abgelesen werden kann, wie bei diesem Gebietstyp Dachbegrünung grundsätzlich zu beurteilen ist. Damit werden Entscheidungen vereinfacht und gleiche Fälle gleich behandelt.

7.7.3 Richtlinie für Dachbegrünung – Grundlagen und Text[126]

Handlungsfelder

1. Die Richtlinie ist *bei* der *Erstellung von Bebauungsplänen* und örtlichen Bauvorschriften über Gestaltung zu beachten.
2. *Bauwillige* sollen über Technik, Bepflanzung und Förderung *beraten* werden; Dachgrün soll ihnen frühzeitig empfohlen werden, wo es nicht vorgegeben oder nicht ausgeschlossen ist.
3. Bei der *Veräußerung von städtischem Grundbesitz* zum Zwecke der Bebauung wird die Umsetzung der Richtlinie vertraglich abgesichert.
4. *Bei städtischen Bauvorhaben* ist sie nach Möglichkeit ebenfalls zu berücksichtigen.

1. Anlaß

Grundlage

Im Baudezernat wurde eine umfangreiche Untersuchung zum Thema Dachbegrünung erstellt. Sie dient der Beantwortung der Frage, ob, wo und wie Gründächer künftig geschaffen werden können. **Ein** Motiv dafür ist die Eingriffsregelung des Niedersächsischen Naturschutzgesetzes, nach der Eingriffe in Natur und Landschaft durch Ausgleichs- oder Ersatzmaßnahmen zu kompensieren sind. Dafür kann Dachbegrünung in Frage kommen.

2. Untersuchungsgegenstand

Untersucht wurden Auswirkungen, Gestaltung, Herstellungstechnik, ökonomische Fragen, rechtliche Probleme und Festsetzungsmöglichkeiten. Die Ergebnisse sind im Textband „Materialien zur Richtlinie für Dachbegrünung" dargestellt.

3. Kurzfassung der Untersuchungsergebnisse

3.1 Auswirkungen der Dachbegrünung

Gründächer schützen die Dachdichtung z. B. vor Temperaturschwankungen, UV- und Infrarotstrahlung, Brandeinwirkung und Blasenbildung, die bisher für die hohe Schadenshäufigkeit und entsprechende Unterhaltungskosten bei Flachdächern verantwortlich waren.

Gründächer wirken in gewissem Umfang wärmedämmend und können ein Baustein energiesparender Konzepte sein; sie bieten spürbare kleinklimatische Vorteile:

Im Winter können sie einen bescheidenen Beitrag gegen das unnatürliche Stadtklima und die Dunstglocke leisten, im Sommer speichern sie eingestrahlte Sonnenenergie und halten darunterliegende Räume kühl.

Daneben können Sie im Sommer durch Verdunstung und die damit einhergehende Verdunstungskälte erstaunliche Luftvolumina kühlen und damit heiße Tage erträglicher machen.

Gründächer tragen – ansatzweise – zum Lärmschutz bei. Auf Dachflächen wirken z. B. Geräuschimmissionen von technischen Anlagen (Gebläse, Lüfter, Aufzugsmotoren usw.) und Verkehrslärm ein. Gras und Blätter bilden eine weiche Oberfläche, die Schall nicht reflektiert, sondern absorbiert; der Schalldurchgang durchs Dach ins Haus wird außerdem durch die Masse und Struktur des Gründachsubstrates verringert.

Gründächer dienen der Lufthygiene. Unbegrünte Flachdächer heizen sich bei Sonnenschein so stark auf, daß darüber eine Thermik entsteht, die Staub- und Rußpartikel etc. aufwirbelt – Gründächer reduzieren diesen Effekt maßgeblich und „kämmen" diese Partikel aus vorbeistreichender Luft.

Gründächer produzieren Sauerstoff, wobei diese Wirkung zeitlich und räumlich begrenzt ist.

Sie speichern Regenwasser, verdunsten davon den größten Teil und geben nur einen kleinen Rest zeitverzögert an die Kanalisation ab; damit entlasten sie Entwässerungssysteme, Kläranlagen und Vorfluter.

Gründächer bieten Lebensräume für die Tier- und Pflanzenwelt und können (je nach Begrünungsart, Intensität der Nutzung und der Anbindung an umgebende Biotopstrukturen) einen Beitrag zur Artenerhaltung und Biotopvernetzung leisten.

Werden bei Bauvorhaben Ausgleichs- oder Ersatzmaßnahmen im Sinne des NNatG erforderlich, sind zunächst Flächen des Baugrundstückes dafür zu nutzen; besteht für weitere, erforderliche Maßnahmen die Wahl zwischen Flächen außerhalb des Baugrundstückes und Dachbegrünung, so hilft letztere, Freiflächenverbrauch zu reduzieren. Gründächer stellen in diesen Fällen einen Beitrag zum sparsamen Umgang mit Grund und Boden im Sinne der Bodenschutzklausel des § 1 (5) BauGB dar.

3.2 Gestaltung

Zu unterscheiden sind drei Begrünungsarten:

a) die aufwendige Intensivbegrünung für übererdete Tiefgaragen oder Dachgärten mit gartenartiger Gestaltung;
b) die einfache Intensivbegrünung mit Gras und Stauden als Bewuchs;
c) die Extensivbegrünung mit dünnen Substratschichten und dürreresistenten Pflanzen.

Der erste Typ schafft reizvolle zusätzliche Nutzflächen, die anderen Typen sind zumeist nicht zu begehen, sie sind Lebensraum für Tiere und Pflanzen mit speziellen Standortbedingungen.

Da Gründächer verwelken können und bisher ungewohnt sind, gefallen sie nicht jedem. Viele Dachflächen sind jedoch ohnehin nicht einsehbar, bei den anderen sind die richtigen Systeme und Pflanzengesellschaften zu wählen. Außerdem: Durch zeitweiliges Welken werden die funktionalen Wohlfahrtswirkungen nicht geschmälert. Blühen, Wachsen und Vergehen sind Ausdruck natürlicher Zyklen.

3.3 Herstellungstechnik

Aufwendige Intensivbegrünungen erfordern eine belastbarere Unterkonstruktion als unbegrünte Dächer, einfache Intensivbegrünungen sind nicht schwerer als der Kies auf Flachdächern. Extensivbegrünungen sind z. T. sogar leichter.

Bei Gründächern ist sorgfältige Planung erforderlich, die mit gewissenhafter Ausführung unter verantwortungsbewußter Bauleitung einhergehen muß. Auf Kompetenz und Erfahrung ist Wert zu legen.

Die positiven Auswirkungen auf die Umwelt sollten nicht durch übermäßige Kunststoffverwendung und Ausrüstung konterkariert werden.

3.4 Herstellungskosten im Vergleich

Die Kosten betragen ab Oberkante Wärmedämmung: [127]

	für eine aufwendige Intensivbegrünung (DM/m²)	einfache Intensivbegrünung (DM/m²)	Extensivbegrünung (DM/m²)	bekiestes Flachdach (DM/m²)
Material ca.	100,00 – 200,00	80,00 – 120,00	45,00 – 90,00	50,00
Lohn ca.	100,00 u. mehr	50,00	40,00 – 50,00	40,00 – 50,00
Summe ca.	200,00 – 300,00	130,00 – 170,00	85,00 – 140,00	90,00 – 100,00

Gullys, Dachrandanschlüsse und Kleinmaterial kommen bei allen Preisen hinzu; sie hängen von der Dachform ab und betragen bei einer Beispielrechnung für ein unbegrüntes Dach ca. 10,– DM/m², beim begrünten 15,– bis 20,– DM/m².

Bei der Stadt können für freiwillige Begrünungen, die nicht bereits anderweitig gefördert oder gefordert wurden, Zuschüsse in Höhe von maximal 50% der Gesamtkosten (maximal 8000,– DM/Maßnahme) beantragt werden. Grundlage dafür sind die Richtlinien zur Förderung der Begrünung von Dächern, Fassaden und Hinterhöfen.[128]

Beim Unterhaltungsaufwand sind aufwendige Intensivbegrünungen mit Hausgärten vergleichbar, einfache Intensivbegrünungen sollten bei Trockenperioden über 6 Wochen gewässert werden, Extensivbegrünungen brauchen keine Pflege.

Wie beim konventionellen Dach sind die Abflüsse jährlich auf Sauberkeit zu überprüfen, dabei sollen Ansämlinge wie Birken u.a. aus dem Gründach gezogen werden.

Dem höheren Aufwand beim Gründach steht die zu erwartende längere Lebensdauer gegenüber, die aufgrund der o.a. Schutzfunktion für die Dachdichtung durch die Begrünung höher als beim konventionellen Flachdach ist.

In der Relation „Kosten/Wohlfahrtswirkungen" schneidet die einfache Intensivbegrünung mit Abstand am besten ab:

Leistungsvergleich

Bezogen auf die untersuchten Einzelwirkungen (wie Verdunstung etc.), leistet sie praktisch genauso viel wie die 50% teurere aufwendige Intensivbegrünung, aber 5 bis 50 mal soviel wie die 30% billigere Extensivbegrünung.

Fazit:

Dachbegrünungen sind ökonomisch zumutbar, technisch nützlich, für die Umwelt entlastend und bereichernd – deshalb sollen sie im Stadtgebiet in größerem Umfang vorgesehen werden.

4. Folgerungen: Richtlinie für Dachbegrünung

Die beteiligten Ämter (23, 31, 61, 63, 65, 66, 67 und 80) wirken auf die Verbreitung von Gründächern hin. Siehe Aufstellung S. 113.

Zu den einzelnen Gebietstypen:

Kleinsiedlungsgebiete

1. Kleinsiedlungsgebiete werden wie die übrigen niedriggeschossigen Wohngebiete behandelt, da der für diese Gebietskategorie übliche hohe Durchgrünungsgrad oft gar nicht vorliegt, sondern sie anderen Gebietskategorien stark angenähert sind.

Wohngebiete

2.–5. In den Wohngebieten sind begrünte Steildächer bei Einfamilienhäusern ausnahmsweise zulässig, wenn durch Gruppenbildung – in der Regel durch mindestens drei benachbarte Gebäude – ein gewisses gestalterisches Gewicht, ein Milieu erzielt wird: Maßgeblich ist eine erkennbare Zusammengehörigkeit der Gruppe und ein Verhältnis zur Umgebung, das eine gestalterische Eigenständigkeit ablesbar werden läßt.
Dafür können bei Mehrfamilienhäusern schon ein oder zwei Gebäude oder -komplexe ausreichen. Die Unterscheidung nach Geschossen wurde getroffen, weil die Flachdachflächen niedriger Gebäude oft von anderen Gebäuden einsehbar sind und begrünt einen schöneren Anblick bieten; außerdem sind Unterhaltungsarbeiten bei geringer Höhe leichter.

Dachbegrünung ist in folgenden Gebieten	bei Flachdächern erwünscht	bei Flachdächern zulässig	bei Flachdächern ausnahmsweise zulässig	bei Flachdächern unzulässig	bei Steildächern erwünscht	bei Steildächern zulässig	bei Steildächern ausnahmsweise zulässig	bei Steildächern unzulässig
1. Kleinsiedlungsgebiet WS	X						z. B. bei Gruppenbildung – insbesondere bei Einfamilienhäusern (mit Baulast abgesichert) oder bei ausreichender Eigenständigkeit der Gebäude	
2. Reines Wohngebiet WR ≤ II	X							
3. WR > II		X						
4. Allgem. Wohngebiet WA ≤ II	X							
5. WA > II		X						
6. Dorfgebiet MD		X					wo dorfbildverträglich	
7. Mischgebiet MI	X						wie WR/WA	
8. Kerngebiet MK	X						wo stadtbildverträglich	
9. Gewerbegebiet GE	X				X bis 20° Dachneigung			
10. Industriegebiet GI	X							
11. Sondergebiet SO	X							
12. Denkmale								X
12. Umgebung von Denkmalen			X				X	
14. für das Gesicht der Stadt bzw. des Stadtteiles bedeutende oder typische Einzelgebäude, Ensembles und Quartiere			X				X	
15. Einzelgaragen		X					X	
16. Sammelgarage (> 2 Pkw)	X						X	

Dorfgebiete 6. Dorfgebiete sind gestalterisch durch Tradition und Konventionen bestimmt. Dachbegrünung wird hier nicht vorgegeben, da sie mikroklimatisch im Dorf nicht so dringlich ist wie in der Stadt. Flachdachbegrünung ist aber zulässig, da Flachdächer vom öffentlichen Raum nicht einsehbar sind und insofern das Dorfbild nicht beeinträchtigen; Steildachbegrünungen sind nur ausnahmsweise zulässig, damit ihr Einfluß aufs Dorfbild vorab geprüft werden kann.

Mischgebiete 7. Wo Mischgebiete einen inhomogenen Gebietscharakter haben, sind sie unproblematischer; aber auch gestalterisch sensiblere Bereiche – wie Gründerzeitquartiere – sind zum Teil Mischgebiete. Daher wird dort nur bei Flachdächern Begrünung vorgesehen, die in der Regel im Blockbinnenbereich stehen.

Kerngebiete 8. In den Kerngebieten ist Dachgrün mikroklimatisch besonders dringlich, andererseits soll das gewachsene Stadtbild erhalten bleiben. Auf Flachdächern, die vom öffentlichen Raum aus nicht einsehbar sind, sollen Dachbegrünungen daher festgesetzt, auf Steildächern ausnahmsweise zulässig werden.

Gewerbe- u. Industriegebiete 9./10. Gewerbe- und Industriegebiete sind durch einen hohen Versiegelungsgrad gekennzeichnet, weil hier ausgedehnte Flachbauten bevorzugt und unbebaute Flächen als Parkplatz, Verkehrsfläche, Lagerplatz etc. genutzt werden.

Die über Flachdächern entstehende unerwünschte Thermik und Staubaufwirbelung ist hier wegen der großen zusammenhängenden Dachflächen dieser Gebietskategorie besonders groß.

Daher soll Dachbegrünung i. d. R. für Flachdächer und für flachgeneigte Dächer bis 20° festgesetzt werden. (Bei 20° sind noch keine besonderen Schubsicherungsmaßnahmen notwendig.)

Sondergebiete 11. Sondergebiete dienen häufig der Aufnahme großer Gebäudekomplexe wie Krankenhäuser, großflächiger Einzelhandel, Einkaufszentren etc., für deren Dachflächen das gleiche wie in den Gewerbegebieten gilt. Auch hier soll daher bei Flachdächern und bei Steildächern bis 20° Begrünung i. d. R. festgesetzt werden.

12. Denkmale selbst sind gesetzlich geschützt, Gründächer darauf sind unverträglich.

13. In der Umgebung sind begrünte Dächer vorstellbar, die nicht einsehbar sind oder nicht stören – durch die Einstufung als „ausnahmsweise zulässig“ bleibt der regulierende Zugriff erhalten.

14. Das gleiche gilt für die Einzelgebäude, Ensembles und Quartiere von besonderer stadtgestalterischer Bedeutung; gedacht ist an Dominanten, Gebäude in Blickachsen, Platzwände etc.

15./16. Garagenanlagen sind ebenfalls zu begrünen, da sie häufig von oben sichtbar und unbegrünt recht unschön sind. Als Garagenanlage gelten hier Gruppen ab drei Garagen. Während Einzel- und Doppelgaragen in der Regel dem Eigenbedarf dienen, werden darüber hinausgehende Anzahlen meistens vermietet – die Mehrkosten von 20 bis 30% gegenüber einer unbegrünten Garage sind dann zumutbar.

Hinweise für alle Gebietstypen:

Die Festsetzung „Dachbegrünung" gilt als erfüllt, wenn 80% der Dachfläche begrünt werden; damit sollen Kleinstflächen, wie Pförtnerhäuschen, Vordächer, technische Aufbauten, wie Lüftungsanlagen, Aggregate etc. von der Begrünung ausgenommen werden. Transparente oder transluzente Flächen gelten nicht als zu begrünende Dachfläche; damit sollen Lichtkuppeln, verglaste Dachreiter etc. möglich sein, um die Gestaltungsfreiheit u. Funktionsfähigkeit nicht einzuschränken.
Die Regelungen gelten für das Hauptgebäude und für Garagenanlagen ab drei Stellplätzen, nicht für Einzelgaragen und Nebenanlagen unter 40 m^2.

5. Darstellung der Rechtslage

Das BauGB erlaubt die Festsetzung von Dachbegrünung nach § 9 Abs. 1 Nr. 25 a, wo sie städtebaulich erforderlich ist. Das Erfordernis kann auf § 1 (5) Satz 1 und Nr. 7 BauGB beruhen.

Es kann sich auch aus der Eingriffsregel des § 8 BNatSchG herleiten.

Im Hinblick auf die Entschädigungsvorschrift des § 42 (2) BauGB gilt, daß für Dachbegrünungs-Festsetzungen grundsätzlich keine Entschädigungen zu zahlen sind, da sie Ausdruck der Sozialbindung des Grundeigentums sind.

Auch Gestaltungssatzungen sind eine Ermächtigungsgrundlage dafür, unterliegen aber einschränkenden Bedingungen (z. B. rein gestalterische Begründung/Zweckmäßigkeitskontrolle) und werden die Ausnahme bleiben.

6. Finanzielle Auswirkungen

Die finanzielle Förderung[129] dient als Anreiz für **freiwillige** Dachbegrünung; die Förderung wird vom Grünflächenamt durchgeführt, bei dem 35 000 DM im Haushalt 1992 vorgesehen sind. Die zugehörige Vorlage wurde am 25. 03. 1992 im Gartenausschuß beschlossen. Festsetzungen bezüglich Dachbegrünung haben keine Auswirkungen auf den Kaufpreis bei der Veräußerung städtischer Grundstücke. Wenn städtische Gebäude begrünt werden, entstehen Kosten im Einzelfall – weitere Kosten sind nicht zu erwarten.

7. Schlußbetrachtung

Die in mehrfacher Sicht positiven Auswirkungen der Dachbegrünung wurden in Abschnitt 3 aufgeführt.

Gründächer sind **eine** von mehreren Möglichkeiten, zusätzliche Grünbereiche zu schaffen – in eng bebauten Bereichen sind sie oft die einzige.

Sie stellen kein Allheilmittel dar, sind aber ein sinnvoller Baustein eines Maßnahmenverbundes.

Ihre Verbreitung verbessert die Umwelt- und Lebensqualität.

7.7.4 Umsetzung in der Praxis

Da Bauleitpläne i. d. R. Bearbeitungszeiten von 1–3 Jahren benötigen, kann noch keine aussagekräftige Zahl von Fällen ausgewertet werden. Erste Ergebnisse liegen aber vor:

- Bei dem zugleich größten und am weitesten fortgeschrittenen Bebauungsplan (mit über 500 WE) wurden Dachbegrünungen im ganzen Plangebiet festgesetzt. Dieses Planverfahren steht kurz vor dem Satzungsbeschluß durch den Rat.
- Eine Reihe von städtischen Hochbauprojekten wurde mit Dachbegrünung realisiert; das waren überwiegend Kindertagesstätten, aber auch das Gebäude des Verkehrsvereins und der städtische Betriebshof-Neubau.
- Das Grünflächenamt hat eine Werbeaktion gestartet und zahllose Einzelberatungen durchgeführt. Die Resonanz war groß und zahlreiche Begrünungen wurden daraufhin realisiert.

7.8 Förderprogramm für Begrünung

7.8.1 Abgrenzung zur kommunalen Richtlinie für Dachbegrünung

Will eine Gemeinde die Wohn- und Lebensqualität ihrer Bürger verbessern, so kann sie das in enger Zusammenarbeit mit Bauherren und Eigentümern tun, indem sie ein Programm zur *finanziellen Förderung* von Begrünungen auflegt. Es ergänzt die *planungsrechtliche* Richtlinie (s. Kap. 7.7).

Zuschußprogramm als „Initialzündung"

Angesichts knapper öffentlicher Mittel muß sich die Kommune fragen, wie mit geringem Mitteleinsatz ein größtmöglicher Erfolg erreicht werden kann. Dafür bietet sich *„Hilfe zur Selbsthilfe"* an: Ein Zuschußprogramm bietet einen Anreiz für private Investitionen, mobilisiert also privates Kapital. Dabei übersteigt die Gesamtinvestition das Fördervolumen oft um mehr als das Doppelte.

Vergleich zu städtischer Investition

Die Gemeinde erreicht damit i. d. R. auch mehr als das Doppelte dessen, was erreicht wäre, wenn sie die Maßnahmen selbst (z. B. auf städtischen Grundstücken) durchführen würde.

Dabei bezieht sich diese Betrachtung vorerst nur auf die Herstellungskosten; führt die Gemeinde Maßnahmen auf ihren Grundstücken auf eigene Kosten aus, so kommen noch die Pflegekosten hinzu, die den Verwaltungshaushalt „auf ewige Zeiten" belasten, während bei privaten Begrünungen, die durch ein Zuschußprogramm initiiert wurden, die Pflege von den Privateigentümern bezahlt oder durchgeführt wird.

Identifikationsobjekte

Darin liegt zugleich noch ein weiterer Vorteil: Die Eigentümer fühlen sich für ihre Begrünung verantwortlich, sie gehört ihnen, es ist ihr Werk, sie identifizieren sich damit, die Hege und Pflege von Grün ist für manche ein Teil ihrer Selbstverwirklichung. Sie erfreuen sich an der Entwicklung vom zarten Sproß zum satten Grün und wachen darüber –

so individuelle Pflege wäre für kommunales Grün gar nicht finanzierbar, die „anonymen“ Flächen werden oft auch weniger pfleglich behandelt.

Ein *Zuschußprogramm* für Begrünungen *mobilisiert* also nicht nur privates Kapital, sondern zugleich auch *Engagement* von Bürgern für die Lebensqualität in ihrer Stadt.

Werbung

Dafür braucht es erst mal Werbung. Artikel in der Lokalzeitung sind eine gute Basis, mit „Zettelkästen“ aus Sperrholz für kleine, mehrfarbige Faltblätter bei Bäckern, Schlachtern etc. wurden in einer Großstadt sehr gute Erfahrungen gemacht.

Beratungen können beim Grünflächenamt oder beim Umweltamt der nächste Schritt sein, vielleicht lassen sich auch Gärtner, Gartenbedarfsgeschäfte und Gartenbaubetriebe für eine aktive Mitarbeit gewinnen.

Ergänzung planungsrechtlicher Richtlinien

Eine Gemeinde kann auch eine **planungsrechtliche** Richtlinie für Dachbegrünung (Fassadenbegrünung o. ä.) erlassen (s. Kapitel 7.7.2); sie hat aber eine andere Zielrichtung.

Sie bezieht sich auf *neue* Baugebiete, in denen planungsrechtlich Dach- oder Fassadenbegrünung vorgesehen werden kann – ein Zuschußprogramm zielt hingegen auch auf die **bestehenden** Gebäude, die nachträglich begrünt werden sollen.

Da der Gebäudebestand die Neuplanungen quantitativ übersteigt, erreicht ein Zuschußprogramm mehr Menschen. Außerdem konzentriert sich der Gebäudebestand i. d. R. in der „gebauten Stadt“, der Innenstadt, in der die Defizite bei Luftqualität, Aufenthaltsqualität, ästhetischer Qualität etc. meistens am größten sind.

Planungsrechtliche Richtlinien und Richtlinien für Zuschußprogramme sind kein Gegensatz, sie ergänzen sich. Die eine gilt für neue, die andere zumeist für alte Häuser; die eine gilt „draußen“, die andere „in der Stadt“.

verschiedene Partner

Auch die Adressaten sind unterschiedlich: Die planungsrechtliche Richtlinie richtet sich an das Stadtplanungsamt (für Bebauungspläne), aber auch an das Hochbauamt (für städtische Gebäude), an das Grünflächen- und Umweltamt (für die Beratung der Bauherren), an das Liegenschaftsamt (für die Vereinbarung von Begrünungen in Grundstückskaufverträgen); die Richtlinie für ein Zuschußprogramm richtet sich lediglich an das Grünflächenamt, das die Zuschußanträge entgegennimmt, ggf. berät und die Mittel bewilligt.

Ein Zuschußprogramm kann Bürger aktivieren, die gern etwas begrünen wollen, aber nicht genug Geld haben oder noch einen letzten Anstoß bzw. fachliche Information und Hilfe benötigen.

umfassende Konzepte

Es erscheint sinnvoll, das Programm nicht zu eng zu fassen, um „ganzheitliche“, „integrierte“, umfassendere Lösungen anstelle von „singulären Einzelereignissen“ zu fördern: In Braunschweig wurden daher nicht nur Dachbegrünungen, sondern auch Fassaden- und Hofbegrünungen in das Förderprogramm aufgenommen.

Auf diese Weise wird ein größerer Interessentenkreis angesprochen, denn nicht jeder hat z. B. ein für eine Dachbegrünung geeignetes Dach.

Auch die ökologische Wirksamkeit von *Verbundlösungen* aus Dach-, Fassaden- und Hofbegrünung ist am größten; verknüpft können die drei Maßnahmen auch dicht bebaute Quartiere (wie z. B. Gründerzeitviertel) aufwerten und lebenswert machen.

Gute Ergebnisse wurden mit den Richtlinien für ein Förderprogramm erzielt, das hier vorgestellt werden soll. Es fungiert als „Initialzündung" für verschiedene Begrünungsmaßnahmen. Die „Anschubfunktion" ist beachtlich u. mobilisierte bereits ein sechsstelliges Investitionsvolumen. Das Programm läuft schon im dritten Jahr und ist 1994 mit 100 000,– DM ausgestattet worden.

7.8.2 Förderprogramm zur Begrünung von Dächern, Fassaden, Innenhöfen und Vorgärten

1. Förderziel

Mit dem Ziel, insbesondere das Wohnen in den dichtbesiedelten Teilen des Stadtgebietes attraktiver zu machen und die stadtökologischen Verhältnisse zu verbessern, fördert die Stadt Maßnahmen zur Begrünung von Dächern und Fassaden sowie zur Begrünung und Umgestaltung von Innenhöfen und Vorgärten durch fachliche Beratung und die Gewährung von Kapitalzuschüssen nach Maßgabe dieser Richtlinie.

2. Räumlicher Geltungsbereich

Die Richtlinie findet Anwendung im gesamten Stadtgebiet. Besonders gefördert werden Begrünungs- und Umgestaltungsmaßnahmen in der Innenstadt und sonstigen baulich stark verdichteten Teilen des Stadtgebietes.

3. Fördervoraussetzungen

3.1 Allgemeine Voraussetzungen

Durch Kapitalzuschüsse gefördert werden Maßnahmen zur Begrünung von Dächern und Fassaden sowie zur Begrünung und Umgestaltung von Innenhöfen und Vorgärten, soweit sie nicht

Ausschlußgründe

a) als Festsetzungen in einem rechtsverbindlichen Bebauungsplan enthalten sind,
b) schon im Rahmen anderer Förderprogramme (z. B. Städtebauförderung oder Dorferneuerung) bezuschußt werden,
c) als Auflage in einer Baugenehmigung gemäß Niedersächsischer Bauordnung festgesetzt sind,
d) auf Grund sonstiger öffentlich-rechtlicher Vorschriften zwingend vom Antragsteller oder Eigentümer der Flächen, auf denen die Maßnahmen durchgeführt werden sollen, vorzunehmen sind,
e) bauplanungsrechtliche, bauordnungsrechtliche, denkmalschutzrechtliche oder sonstige öffentlich-rechtliche Vorschriften verletzen (ggf. erforderliche Genehmigungen sind bis zur Zuschußbewilligung vorzulegen),
f) auf Grundstücken oder an baulichen Anlagen, die sich im Eigentum des Landes Niedersachsen oder der Bundesrepublik Deutschland befinden, durchgeführt werden.

3.2 Besondere Voraussetzungen

3.2.1 Dachbegrünung

Es werden alle Maßnahmen zur Herstellung einer dauerhaft funktionsfähigen, zusammenhängenden, substratgebundenen, extensiven oder intensiven Flach- oder Steildachbegrünung gefördert.

Hierzu gehören z. B.:

förderungsfähige Kosten

a) vorbereitende, baulich-konstruktive oder sonstige Maßnahmen (u. a. zur Erhöhung der Tragfähigkeit im Dachbereich, Sanierung der Dachabdichtung etc.) im fachlich sinnvollen und notwendigen Rahmen, soweit der hiermit verbundene Aufwand in einem angemessenen Verhältnis zu dem aus der Begrünung zu erwartenden ökologischen und gestalterischen Nutzen steht,
b) das Verlegen einer Wurzelschutzfolie,
c) der Einbau einer Drainschicht,
d) das Aufbringen von vegetationstragenden Substraten,
e) die Herstellung einer dauerhaften Bepflanzung.

Nicht förderungsfähig sind Kies- und Plattenbeläge (soweit nicht aus Brandschutzgründen zwingend erforderlich), die Aufstellung von Kübeln oder anderen Behältern und deren Bepflanzung sowie alle Ein- und Aufbauten im Dachbereich, die nicht im unmittelbaren Zusammenhang mit der Dachbegrünung stehen.

Die Maßnahmen müssen in ihrer Gesamtheit aus fachlicher Sicht geeignet sein, die ökologischen (insbesondere die kleinklimatischen) Verhältnisse und/oder den Erlebniswert des unmittelbaren Wohnumfeldes zu verbessern.

3.2.2 Fassadenbegrünung

Es werden Maßnahmen gefördert, die zu einer dauerhaft funktionsfähigen Begrünung (Verwendung ausdauernder Arten) von Gebäudefassaden und sonstigen Bauwerken (Mauern, Zäunen etc.) führen.

Hierzu gehören z. B.:

a) vorbereitende und standortverbessernde Maßnahmen (Anlage von Pflanzgruben, Einbau von Pflanzschächten, Bodenaustausch etc.)
b) das Anbringen von Kletterhilfen wie Rankgerüsten und Spanndrähten, soweit fachlich sinnvoll,
c) das Setzen von ausdauernden situations- und standortgerechten Kletterpflanzen,
d) Maßnahmen, die im Erdreich das Eindringen von Feuchtigkeit ins Mauerwerk verhindern.

Die Maßnahmen müssen aus fachlicher Sicht in ihrer Gesamtheit geeignet sein, mittel- bis langfristig eine Belebung des Straßenbildes und eine Verbesserung der ökologischen Verhältnisse im unmittelbaren Wohnumfeld zu bewirken.

3.2.3 Innenhofbegrünung

Gefördert werden Umgestaltungs- und Begrünungsmaßnahmen in Innenhofbereichen und Hofzugängen, die an Gebäuden liegen, die mindestens zwei Vollgeschosse und drei Wohneinheiten haben. Ist der Innenhofbereich mehreren Gebäuden zugeordnet, so muß der o.g. Gebäudetyp überwiegen.

Zu den förderungsfähigen Maßnahmen gehören z. B.:

a) vorbereitende Arbeiten wie der Abbruch von Mauern und Gebäuden, die Durchführung von Entrümpelungen etc.,
b) Schaffung und Verbesserung von Innenhofzugängen oder von Zugängen zu benachbarten Hofbereichen,
c) Entsiegelung von Asphalt- und Betonflächen und Neubau von Wegen mit wasserdurchlässigen Materialien, wobei eine Reduzierung der insgesamt versiegelten Flächen von mind. 50% erreicht werden muß,
d) Bepflanzung von reaktivierten Flächen mit Bäumen, Sträuchern, Stauden etc., Anlage von Pflanzbeeten,
e) Errichten von Sitzgruppen (ortsfest) und Pergolen,
f) Bau von Regenwasserzisternen oder kleinen Teichen zur Rückhaltung von Niederschlagswasser,
g) Schaffung von Spielmöglichkeiten (ortsfeste Einbauten) für Kinder,
h) Anlage von Kompostplätzen zur Eigenkompostierung von organischen Garten- und Küchenabfällen,
i) Schutz, Pflege und Entwicklung von Biotopen für heimische Tier- und Pflanzenarten.

Die Maßnahmen müssen aus fachlicher Sicht in ihrer Gesamtheit geeignet sein, die Nutzbarkeit von Innenhöfen als Erlebnis-, Erholungs- und Kommunikationsräume für alle Hausbewohner erheblich zu verbessern. Von den Maßnahmen muß zudem eine ökologisch positive Wirkung insbesondere im Hinblick auf das Kleinklima, den Grundwasserhaushalt und den Arten- und Biotopschutz ausgehen.

3.2.4 Vorgartenbegrünung

Gefördert werden Umgestaltungs- und Begrünungsmaßnahmen in Bereichen, die zwischen Straßenraum und Gebäuden auf nicht öffentlichen Grundflächen liegen und als Vorgärten genutzt werden können.

Zu den förderungsfähigen Maßnahmen gehören z. B.:

a) vorbereitende Arbeiten, die die Eignung von Flächen als Vegetationsstandort verbessern,
b) Entsiegelung von Asphalt- und Betonflächen,
c) die dauerhafte Begrünung von reaktivierten Flächen (Bepflanzung mit Bäumen, Sträuchern, Stauden etc.).

Die Maßnahmen müssen aus fachlicher Sicht in ihrer Gesamtheit geeignet sein, mittel- bis langfristig eine Belebung des Straßenbildes und eine Verbesserung der ökologischen Verhältnisse im unmittelbaren Wohnumfeld zu bewirken.

4. Art der Förderung

4.1 Fachliche Beratung

Antragsteller und interessierte Bürger werden von Mitarbeiter(innen) des Grünflächenamtes in allen Fragen der Dach-, Fassaden-, Innenhof- und Vorgartenbegrünung fachlich beraten.

Planen und realisieren Antragsteller Maßnahmen in Eigenregie, kann auf Wunsch im Rahmen der personellen und zeitlichen Ressourcen des Grünflächenamtes eine Beratungs- und Betreuungstätigkeit bis zum Abschluß der Maßnahmen durchgeführt werden.

4.2 Gewährung von Kapitalzuschüssen

Für alle förderungsfähigen Maßnahmen im Sinne des Punktes 3 dieser Richtlinie wird ein *einmaliger, anteiliger Zuschuß* zu den tatsächlichen Kosten (einschließlich Umsatzsteuer), die dem Antragsteller (Zuschußempfänger) aus der Realisierung dieser Maßnahmen entstehen, aus den für diesen Zweck bereitgestellten Haushaltsmitteln der Stadt gewährt. Auf die Gewährung des Zuschusses besteht kein Rechtsanspruch.

Zuschußfähige Kosten sind:

a) Material- und Pflanzkosten, soweit der Antragsteller Maßnahmen selbst durchführt,
b) Planungskosten, wenn der Antragsteller die Planung der Maßnahmen an fachkundige Dritte (z. B. Architekten, Landschaftsarchitekten) vergibt,
c) Ausführungskosten, wenn der Antragsteller die Ausführung der Maßnahmen fachkundigen Dritten (z. B. Unternehmen des Garten- und Landschaftsbaues) überträgt.

Kostenvoranschläge

Aus den unter a) bis c) genannten Kosten sind die Gesamtkosten zu ermitteln. Liegen die zuschußfähigen Gesamtkosten

- bei Maßnahmen, die nicht in Eigenregie durchgeführt werden, über 3000,– DM

und

- bei Maßnahmen, die in Eigenregie durchgeführt werden über 6000,– DM,

sind zur Ermittlung der Material- und Pflanzkosten bzw. der Ausführungskosten jeweils drei **vergleichbare** und **prüffähige** Kostenangebote einzuholen (gilt nicht für Planungskosten, wenn diese nach der Honorarordnung für Architekten und Ingenieure ermittelt werden).

Die Ermittlung der zuschußfähigen Gesamtkosten erfolgt auf der Grundlage des jeweils niedrigsten Angebotes unter Berücksichtigung technischer und wirtschaftlicher Gesichtspunkte.

Die Umsatzsteuer, die nach § 15 des Umsatzsteuergesetzes als Vorsteuer abziehbar ist, gehört nicht zu den zuschußfähigen Ausgaben (Kosten).

5. Höhe der Förderung

5.1 Dachbegrünung, Zuschußhöhe

Der anteilige Zuschuß zu den Gesamtkosten gemäß Punkt 4 beträgt

Zuschußhöhe

a) bei Maßnahmen in der *Innenstadt,* den innenstadtnahen und sonstigen stärker verdichteten Teilen des Stadtgebietes *50 v. H.* und ist auf *max. 8000 DM* begrenzt (Zuschußkategorie 1)
b) bei Maßnahmen im übrigen Stadtgebiet 25 v.H. und ist auf max. 4000 DM begrenzt (Zuschußkategorie 2)
c) bei extensiven Dachbegrünungen sind Gesamtkosten in Höhe von max. 120 DM pro m^2 und bei der intensiven Dachbegrünung in Höhe von max. 200 DM pro m^2 zuschußfähig.

5.2 Fassadenbegrünung

Der anteilige Zuschuß zu den Gesamtkosten gemäß Punkt 4 beträgt

a) unter den in 5.1 a) genannten Voraussetzungen 75 v.H., wenn der Antragsteller sämtliche Maßnahmen in Eigenregie plant und ausführt, ansonsten 50 v.H. und ist auf max. 2000 DM begrenzt (Zuschußkategorie 1),
b) unter den in 5.1 b) genannten Voraussetzungen 50 v.H., wenn der Antragsteller sämtliche Maßnahmen in Eigenregie plant und ausführt, ansonsten 25 v.H. und ist auf max. 1000 DM begrenzt (Zuschußkategorie 2).

5.3 Innenhofbegrünung

Der anteilige Zuschuß zu den Gesamtkosten gemäß Punkt 4 beträgt

a) unter den in 5.1 a) genannten Voraussetzungen 75 v.H., wenn der Antragsteller sämtliche Maßnahmen in Eigenregie plant und ausführt, ansonsten 50 v.H. und ist auf max. 10 000 DM begrenzt (Zuschußkategorie 1)
b) unter den in 5.1 b) genannten Voraussetzungen 50 v.H., wenn der Antragsteller sämtliche Maßnahmen in Eigenregie plant und ausführt, ansonsten 25 v.H. und ist auf max. 5000 DM begrenzt (Zuschußkategorie 2).

5.4 Vorgartenbegrünung

Der anteilige Zuschuß zu den Gesamtkosten gemäß Punkt 4 beträgt

a) unter den in 5.1 a) genannten Voraussetzungen 75 v.H., wenn der Antragsteller sämtliche Maßnahmen in Eigenregie plant und ausführt, ansonsten 50 v.H. und ist auf max. 4000 DM begrenzt (Zuschußkategorie 1)
b) unter den in 5.1 b) genannten Voraussetzungen 50 v.H., wenn der Antragsteller sämtliche Maßnahmen in Eigenregie plant und ausführt, ansonsten 25 v.H. und ist auf max. 2000 DM begrenzt (Zuschußkategorie 2).

5.5 Zuordnung zu Zuschußkategorien

Die Entscheidung, in welche Zuschußkategorie die beantragten Maßnahmen einzuordnen sind, wird unter Berücksichtigung der quantitativen und qualitativen Versorgung des jeweiligen Teiles des Stadtgebietes mit öffentlichen Grünflächen und sonstigen grünbestimmten Freiräumen durch das Grünflächenamt getroffen.

6. Antrag

Zuschüsse werden nur gewährt, wenn vorab ein entsprechender schriftlicher Antrag gestellt wurde und von der Stadt ein vorläufiger Bewilligungsbescheid erteilt worden ist.

6.1 Antragsberechtigte

Antragsberechtigt sind

Antragsteller

a) Eigentümer und Eigentümergemeinschaften von Gebäuden, sonstigen Bauwerken und Hofflächen, die begrünt bzw. umgestaltet werden sollen,
b) sonstige Berechtigte (z. B. Hausverwalter),
c) Mieter und Mietergemeinschaften mit Zustimmung des Eigentümers, der Eigentümergemeinschaft oder des Berechtigten,

wobei alle Antragsberechtigten nur einmal jeweils einen Antrag auf Gewährung von Kapitalzuschüssen nach Maßgabe dieser Richtlinie für die Begrünung eines Daches, einer Fassade, eines Innenhofes und eines Vorgartens stellen können.

6.2 Antragsverfahren

Anträge auf Gewährung von Zuschüssen sind vor Beginn der Maßnahme vom Antragsberechtigten durch vollständiges Ausfüllen und Einreichen des dafür bestimmten Vordrucks beim Grünflächenamt zu stellen.

Mit dem Antrag sind einzureichen:

erforderliche Unterlagen

a) 1 Übersichtsplan im Maßstab 1:500 oder 1:1000 in zweifacher Ausfertigung, aus dem die Lage des Objektes, das begrünt oder umgestaltet werden soll, im näheren baulichen Umfeld deutlich erkennbar wird,
b) 1 Detailplan im Maßstab 1:100 oder 1:200 in zweifacher Ausfertigung, aus dem die beabsichtigte Gestaltung ersichtlich wird und der eine ausreichende Prüfung der hierfür erforderlichen Maßnahmen ermöglicht.
   Bei Fassadenbegrünungen ist die Kennzeichnung der geplanten Pflanzgruben auf einem Lageplan ausreichend, soweit keine Installation von Kletterhilfen beabsichtigt wird,
c) eine Erklärung des Antragstellers, ob er zum Vorsteuerabzug berechtigt ist,
d) der Nachweis der Eigentumsverhältnisse (ggf. Grundbuchblattabschrift),
e) eine schriftliche Vollmacht bzw. der Nachweis der dinglichen Berechtigung, falls der Antragsteller nicht Grundstückseigentümer ist,

f) eine detaillierte schriftliche Aufstellung der geschätzten Gesamtkosten. Diese müssen durch Vorlage aller eingeholten Kostenangebote nachgewiesen werden,
g) ein Nachweis, daß die Gesamtfinanzierung für das Zuschußobjekt sichergestellt ist.

7. Bewilligungsverfahren

a) Liegen die Voraussetzungen nach Maßgabe dieser Richtlinie vor, so ergeht ein vorläufiger Bewilligungsbescheid über die Gewährung des jeweiligen Zuschusses. Mit der Durchführung der förderungsfähigen Maßnahmen darf erst nach dem Vorliegen des vorläufigen Bewilligungsbescheides begonnen werden. Der Beginn der Maßnahmen ist dem Grünflächenamt anzuzeigen.
b) Dem Grünflächenamt ist spätestens drei Monate nach Abschluß der Maßnahmen eine Schlußrechnung unter Beifügung aller für eine Prüfung notwendigen Unterlagen vorzulegen.
c) Der Anspruch auf Bezuschussung erlischt zwölf Monate nach Vorliegen des vorläufigen Bewilligungsbescheides. In begründeten Fällen kann diese Frist auf schriftlichen Antrag verlängert werden.
d) Der Abschluß der Maßnahmen ist dem Grünflächenamt anzuzeigen.
e) Nach Abschluß der Maßnahmen erfolgt eine Bauabnahme durch das Grünflächenamt vor Ort.
f) Nach erfolgter Bauabnahme und Prüfung der Schlußrechnung ergeht ein endgültiger Bewilligungsbescheid.
g) Die Auszahlung des bewilligten Zuschusses erfolgt im Rahmen der für die Begrünung von Dächern und Fassaden sowie die Begrünung und Umgestaltung von Innenhöfen und Vorgärten im jeweils laufenden Haushaltsjahr zur Verfügung stehenden Haushaltsmittel in der Reihenfolge der erteilten endgültigen Bewilligungsbescheide.
h) Während der Durchführung der Maßnahmen können max. zwei Abschlagszahlungen bis zu insgesamt 50 v. H. des im vorläufigen Bewilligungsbescheid festgesetzten Zuschusses mit Kostennachweis erfolgen.
i) Die Durchführung der Maßnahmen kann vom Grünflächenamt überwacht werden; der Antragsteller hat die Überprüfung zu ermöglichen und sicherzustellen.
j) Der Zuschuß ist ganz oder teilweise zurückzuzahlen, wenn die eingegangenen Verpflichtungen nicht eingehalten werden oder gegen diese Richtlinie verstoßen wird. In diesem Fall ergeht ein Aufhebungsbescheid.
   Zurückzuzahlende Beträge werden mit Zustellung des Aufhebungsbescheides fällig und sind mit 6% jährlich zu verzinsen.

8. Nebenbedingungen

a) Der Zuschußempfänger und der Eigentümer (durch schriftliche Erklärung), sofern dieser nicht selber Zuschußempfänger ist, verpflichten sich, das begrünte oder umgestaltete Objekt *mindestens* für einen Zeitraum von *zehn Jahren in dem Zustand zu erhalten*, den es nach Durchführung der geförderten Maßnahmen hat (Zweckbindung).

Im Fall einer Innenhofbegrünung oder -umgestaltung verpflichten sie sich ferner, allen Bewohnern der dem Innenhof zugeordneten *Wohnungen* dessen *Nutzung zu ermöglichen.*

b) Der Eigentümer, der selbst nicht Zuschußempfänger ist, verpflichtet sich, die Rückzahlungsverpflichtung gemäß Punkt 7j) für den Fall zu übernehmen, daß der Zuschußempfänger vor Ablauf von zehn Jahren aus seinem Mietverhältnis ausscheidet oder seine dingliche Berechtigung verliert. Veräußert der Eigentümer das begrünte oder umgestaltete Objekt vor Ablauf von zehn Jahren, hat er vertraglich sicherzustellen, daß der neue Eigentümer sich zur Einhaltung der Zweckbindung und – wenn der Eigentümer Zuschußempfänger gewesen ist oder die Voraussetzungen von Satz 3 vorliegen – widrigenfalls zur Rückzahlung des Zuschusses verpflichtet.

c) Der Zuschußempfänger ist verpflichtet, dem Grünflächenamt anzuzeigen, wenn Umstände sich ändern oder wegfallen, die für die Bewilligung des Zuschusses maßgeblich waren.

d) Der Eigentümer (im Sinne dieser Richtlinie) verpflichtet sich, die Durchführung von Dach-, Fassaden-, Innenhof- und Vorgartenbegrünungen (Umgestaltungen) nicht zum Anlaß einer Mieterhöhung zu nehmen.

9. Ausnahmen

Das Grünflächenamt kann von den Regelungen dieser Richtlinien Ausnahmen erteilen, sofern die besonderen Umstände des Einzelfalles dies im Interesse des Förderzieles geboten erscheinen lassen.

10. Sonstige Bestimmungen

Neben dieser Richtlinie gelten für die Förderung von Dach- und Fassadenbegrünungen sowie von Innenhof- und Vorgartenbegrünungen und -umgestaltungen auch die Bestimmungen der „Richtlinie über die Gewährung von Zuwendungen aus Haushaltsmitteln."

11. Wettbewerbe

Alle nach Maßgabe dieser Richtlinie bezuschußten und abgeschlossenen Dach- und Fassadenbegrünungen sowie Innenhof- und Vorgartenbegrünungen und -umgestaltungen werden im Rahmen von Wettbewerben (soweit von den Zuschußempfängern gewünscht) von einer unabhängigen Fachjury bewertet. Die Wettbewerbsbedingungen sowie die Prämierung von einzelnen Objekten werden durch spezielle Wettbewerbsrichtlinien geregelt.

12. Inkrafttreten

Diese Richtlinie tritt am Tage nach ihrer Beschlußfassung durch den Rat in Kraft.

8 Gründach als Mode, Gründach als Ideologie?

8.1 Gründach als Mode?

Bei neuen Entwicklungen ist stets zu fragen, ob sie eine temporäre Erscheinung bleiben oder Bestand haben werden.

Gerade im Städtebau ist diese Frage von besonderer Bedeutung, weil das Gebaute jahrzehntelang bestehen bleibt („jahrhundertelang" wagt man nicht mehr zu sagen).

Elemente eines Baustils?

Es könnte also sein, das grüne Dächer oder andere Elemente „ökologischen Bauens" nur Stilelemente einer *Zeitströmung* sein werden, wie die dreieckigen Glaserker, die runden Ausschnitte in Giebeln, die vorgesetzten Eingangssäulen Stilelemente der Postmoderne waren und die schrägen und schrillen Konstruktionen und Formen neuester Bauten Stilelemente des „Dekonstruktivismus" werden mögen. Doch wenn es so wäre – wäre das so schlimm? War es nicht immer so, daß jede Zeit ihre Elemente hervorbrachte? Sind es nicht gerade diese Elemente, die uns heute die Zuordnung ermöglichen: „Ein typischer Bau des Jugendstils, der Moderne, der 50er Jahre ..." etc.?

Manche solcher Elemente haben sich überlebt, machen aber Geschichte ablesbar und haben insofern durchaus ihre Berechtigung. Andere Elemente sind geblieben und es gibt sie bis heute.

8.2 Gründach als Ideologie?

Die Urteile fallen schnell: Wer ein grünes Dach hat, ist ein „Grüner", wer grüne Dächer plant oder fördert ist ein „Öko". Die Dachfarbe wird mit politischer Couleur gleichgesetzt. Das kann, muß aber nicht richtig sein.

historische Parallele

Wie ausgeführt, können Gründächer unsere Sehgewohnheiten stören. Ein historischer Rückblick zeigt eine Paralelle: durch die Einführung des Flachdaches in den 20er Jahren wurden ebenfalls die Sehgewohnheiten dieser Zeit gestört; es entspann sich ein Glaubenskrieg zwischen Vertretern des Sattel- bzw. des Flachdachs, der auch damals ideologisch gefärbt ausgetragen wurde. Die Architekten der Moderne mit ihren sozialreformerischen Ideen wurden zu Protagonisten dieser Stilrichtung, die Traditionalisten bekämpften sie.

Abb. 45: Naturverbundenes Wohnen

Diese Kontroverse ist heute längst vergessen und niemand denkt beim Anblick eines Flachdaches mehr daran – Millionen von Quadratmetern Flachdach wurden seitdem gebaut, wir haben sie in das „Vokabular unserer Sehgewohnheiten" integriert und keiner fühlt sich mehr gestört. Der damalige ideologische Überbau ist vergessen – geblieben sind „harte Fakten": Neue Baumaterialien und -techniken haben eine neue Bauform ermöglicht. Sie hatte ökonomische Vorteile bei den Erstellungskosten und hat eine bedeutende Sparte des Baugeschehens geprägt.

Neues setzt sich durch

Ähnlich könnte es heute sein: Neben den Vorteilen des Flachdaches beim Bau haben sich bei der Unterhaltung die Nachteile nicht beheben lassen.

Wiederum macht eine neue Technik – die Entwicklung wurzelfester Dachabdichtungen und geeigneter Begrünungssysteme – eine neue Bauform möglich: das Gründach. Wiederum wird seine Einführung durch einen ideologischen Glaubenskrieg begleitet. Und auch hier könnte sich zeigen, daß die technischen Möglichkeiten und die ökonomischen Vorteile dazu führen, daß sich diese Bauform durchsetzt.

Gründach wird selbstverständlich

Dann wäre es in einigen Jahren ebenfalls „eine Vokabel unserer Sehgewohnheiten" und würde nicht mehr stören – und wiederum werden die ideologischen Glaubenskriege um seine Einführung bald in Vergessenheit geraten.

Anhang

Einheiten

a	Jahr
A	Fläche (in m^2)
c	Wärmekapazität (in $Wh/m^3\,K$)
d	Tag
°C	Grad Celsius, hier als Maß für absolute Temperaturen
g	Gramm (als Einheit)
K	Kelvin, hier benutzt für Angabe von Temperaturdifferenzen (Bsp.: 1 K ≙ der Differenz zwischen 20° und 21° C)
N	Newton, Maß für Kräfte
10 N	≙ 1 kp (≙ 1 kg)
1000 N = 1 kN	≙ 100 kp (≙ 100 kg)
Q_N	Norm-Transmissionswärmebedarf (Maß für Energiedurchfluß durch die hüllenden Bauteile, hier nur durch Decke betrachtet)
V	Volumen (in m^3)
W	Watt, Maß für Energie
kW	1000 W
MW	1 Mio. W
Ws	Wattsekunde, Energie pro Zeiteinheit
1 Ws = 1 J	Joule
1 kJ = 1000 J	≙ 0,277 Wh
Wh	Wattstunde
kcal	Kilokalorie = 1000 Kalorien
1 kcal	≙ 4186,8 J ≙ 1,163 Wh
ρ	Rohdichte (in kg/m^3)

Fachbegriffe:

Abflußbeiwert	Der Abflußbeiwert gibt an, wieviel Prozent des Niederschlags von einer Fläche an deren Oberfläche abfließen: Werte zwischen 1,0 (= 100% Abfluß) und 0,0 (= alles versickert und benetzt, nichts fließt ab).
k-Wert	Maß für den Energiedurchgang durch Bauteile; je kleiner der k-Wert, desto niedriger der „Wärmeverlust".
k_F-Wert	Wert für die Versickerungsfähigkeit von Böden
Mischkanal	Kanalrohr in der Straße, das Regen- **und** Abwasser ableitet.
Trennkanalisation	Regenwasser und Schmutzwasser werden in getrennten Kanälen abgeleitet.
ph-Wert	Der ph-Wert sagt aus, ob eine Flüssigkeit sauer oder alkalisch ist

Abkürzungen

BauGB	Baugesetzbuch (städtebauliches Planungsrecht)
BauGB-MaßnG	Maßnahmengesetz zum Baugesetzbuch
BauNVO	Baunutzungsverordnung
BBauG	Bundesbaugesetz (Vorläufer des BauGB)
BMBau	Bundesminister für Raumordnung, Bauwesen und Städtebau
BNatSchG	Bundesnaturschutzgesetz
BVerwGE	Bundesverwaltungsgerichtsentscheidungen
NNatG	Niedersächsisches Naturschutzgesetz
B-Plan	Bebauungsplan
BSB_5	biologischer Sauerstoffbedarf während fünf Tagen (der für den Abbau von Verschmutzungen in Kläranlagen benötigt wird)
WSV	Wärmeschutzverordnung

Berechnung von Wärmeverlusten (zu Kap. 3.1.1.1)

Typ A: Sanierung gute WD (WD: Wärmedämmung)

$$Q_N = A \cdot k \cdot \Delta\vartheta = 200\,m^2 \cdot 0{,}2\ \frac{W}{m^2K} \cdot 15\,K = 600\,W$$

Energieverlust in der Heizperiode:

$$Q_N \cdot t = 600\,W \cdot 227\,d \cdot 24\,\frac{h}{d} = 3{,}27\ MWh$$

Dieser Energieverlust heizt Luft auf:

$$\frac{3{,}27\,MWh}{0{,}348\,Wh/m^3K} = 9\,396\,551{,}7\,m^3K$$

Zur Veranschaulichung: Die 100 m-Luftsäule über dem 200 m²-Dach würde an jedem Tag der Heizperiode um 2 K aufgeheizt.

Typ A: Sanierung WD nach DIN

$Q_N = A \cdot k \cdot \Delta\vartheta = 200\,m^2 \cdot 0{,}29\ \frac{W}{m^2K} \cdot 15\,K = 870\,W$

Energieverlust in der Heizperiode:

$Q_N \cdot t = 870\,W \cdot 227\,d \cdot 24\frac{h}{d} = 4{,}74\,MWh$

Dieser Energieverlust heizt Luft auf:

$\frac{4{,}74\ MWh}{0{,}348\ Wh/m^3\,K} = 13\,620\,689\,m^3\,K$

Aufheizung einer 100 m-Luftsäule um: 3 K/d.

Zum Vergleich: Vor dieser Sanierung betrug der Wärmebedarf:

$Q_N = A \cdot k \cdot \Delta\vartheta = 200\,m^2 \cdot 0{,}79\ \frac{W}{m^2K} \cdot 15\,K = 2370\,W$

Energieverlust/Heizperiode:

$Q_N \cdot t = 2370\,W \cdot 227\,d \cdot 24\frac{h}{d} = 12{,}91\,MWh$

Dieser Energieverlust heizt Luft auf:

$\frac{12{,}91\ MWh}{0{,}348\ Wh/m^3\,K} = 37\,097\,701\,m^3\,K$

Aufheizung einer 100 m-Luftsäule um: 8,17 K jeden Tag.

Typ B: Neubaufall

$Q_N = A \cdot k \cdot \Delta\vartheta = 200\,m^2 \cdot 0{,}49\ \frac{W}{m^2K} \cdot 15\,K = 1470\,W$

Energieverlust/Heizperiode:

$Q_N \cdot t = 1470\,W \cdot 227\,d \cdot 24\frac{h}{d} = 8\,MWh$

Aufheizen der 100 m-Luftsäule um: 5,06 K/d

Typ B: Sanierung gute WD

$Q_N = A \cdot k \cdot \Delta\vartheta = 200\,m^2 \cdot 0{,}22\ \frac{W}{m^2K} \cdot 15\,K = 660\,W$

Energieverlust/Heizperiode:

$Q_N \cdot t = 660\,W \cdot 227\,d \cdot 24\frac{h}{d} = 3{,}6\,MWh$

Aufheizen der Luftsäule um: 2,28 K/d

Typ B: Sanierung WD nach DIN

$Q_N \triangleq$ Neubaufall $\triangleq 1470\,W$

Zum Vergleich Verluste vor der Sanierung:

$Q_N = A \cdot k \cdot \Delta\vartheta = 200\,m^2 \cdot 1{,}26\ \frac{W}{m^2K} \cdot 15\,K = 3780\,W$

Energieverlust/Heizperiode:

$Q_N \cdot t = 3780\,W \cdot 227\,d \cdot 24\frac{h}{d} = 20{,}59\,MWh$

Aufheizen der Luftsäule je Tag der Heizperiode um 13 K.

Typ C: Neubaufall

Während bei Typ A und B als Gebäuden „mit normaler Innenraumtemperatur“ eine Raumtemperatur von + 20° C zugrundezulegen ist, werden für die Gewerbehalle + 17° C angesetzt, was bei körperlicher Arbeit in Lagerhallen o. ä. als ausreichend angesehen wird.

Raumtemperatur: 17° C an 8 h, 13° C an 16 h, Durchschnitt 14, 33° C

$$Q_N = A \cdot k \cdot \Delta\vartheta = 200\,m^2 \cdot 0{,}45\ \frac{W}{m^2K} \cdot 11\,K = 990\,W$$

Energieverlust/Heizperiode: 5,4 MWh

Aufheizen der 100 m-Luftsäule um 3,4 K je Tag der Heizperiode

Typ C: Sanierung gute WD

$$Q_N = A \cdot k \cdot \Delta\vartheta = 200\,m^2 \cdot 0{,}39\ \frac{W}{m^2K} \cdot 11\,K = 858\,W$$

Energieverlust/Heizperiode: 4,67 MWh

Aufheizen der 100 m-Luftsäule um 2,96 K je Tag der Heizperiode

Typ C: Sanierung WD nach DIN

$$Q_N = A \cdot k \cdot \Delta\vartheta = 200\,m^2 \cdot 0{,}63\ \frac{W}{m^2K} \cdot 11\,K = 1386\,W$$

Energieverlust/Heizperiode: 7,55 MWh

Aufheizen der 100 m-Luftsäule um 4,78 K je Tag der Heizperiode

Zum Vergleich; Verluste vor Sanierung:

$$Q_N = A \cdot k \cdot \Delta\vartheta = 200\,m^2 \cdot 0{,}85\ \frac{W}{m^2K} \cdot 11\,K = 1870\,W$$

Energieverlust/Heizperiode: 10,19 MWh

Aufheizen der 100 m-Luftsäule um 6,44 K je Tag der Heizperiode

Konstruktionsbeispiele – Detailzeichnungen

Die folgenden Abbildungen zeigen ausgewählte konstruktive Details von Dächern unterschiedlicher Begrünungstypen. Zum besseren Überblick sind sie in der untenstehenden Auflistung nach Dachtyp, Konstruktionsbereich und Begrünungsart eingeteilt.

Dachneigung	konstruktiver Bereich	Begrünungstyp		
		aufwendig intensiv (A)	einfach intensiv (B)	extensiv (C)
Steildach	Firstausbildung	Abb. 46	–	–
	Traufausbildung	47	48, 49, 50, 51	52, 53
	Kehldachausbildung	–	54	–
	Ortgang	–	55, 56	–
	Detail Schubsicherung	57	–	–
	Detail Dunstrohr	–	–	58
Flachdach	Dachrandabschluß	59	60	61, 62, 63, 64
	Wandanschluß	65, 66	67, 68	–
	Detail Lichtkuppel	–	69	–
	Detail Gehölzverankerung	70	–	–
	Detail Gulli	–	–	71

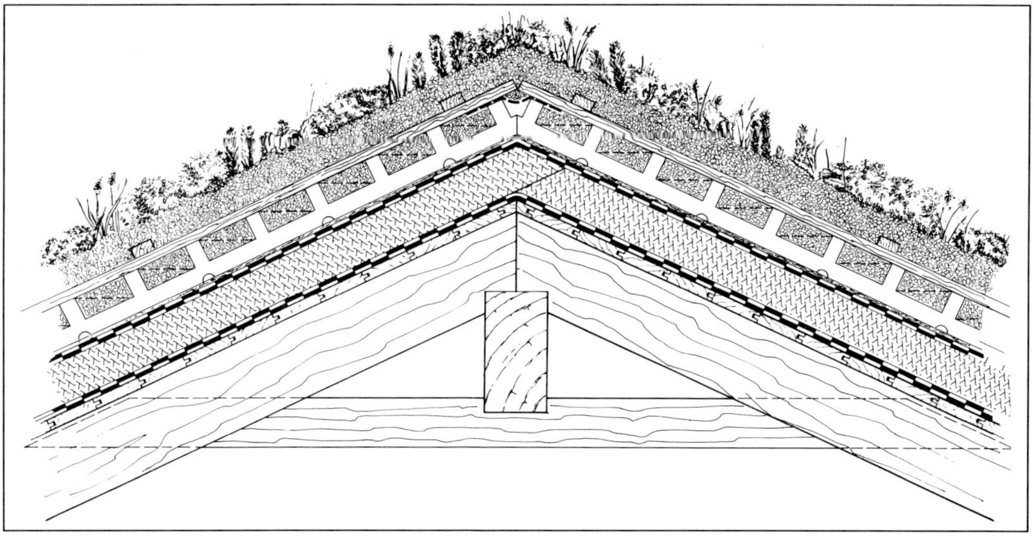

Abb. 46: Firstausbildung bei Anwendung von Wasserspeicherplatten; Abdeckung des Firstbereiches mit einem 0,5 m breiten Filtervliesstreifen

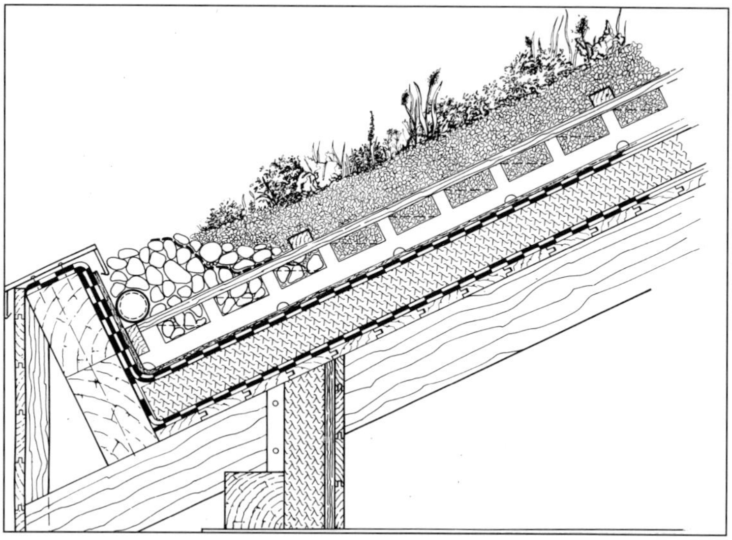

Abb. 47: Traufausbildung bei Anwendung von Wasserspeicherplatten; Trennung der Kiesschicht vom Substrat durch einen ca. 0,5 m breiten Filtervliesstreifen

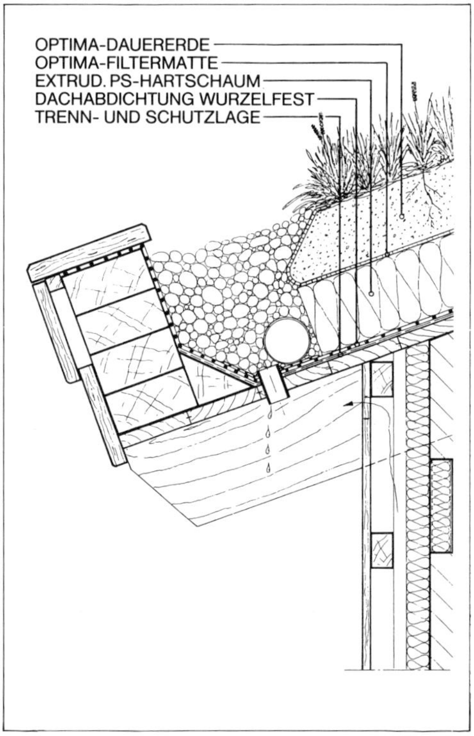

Abb. 48: Traufausbildung

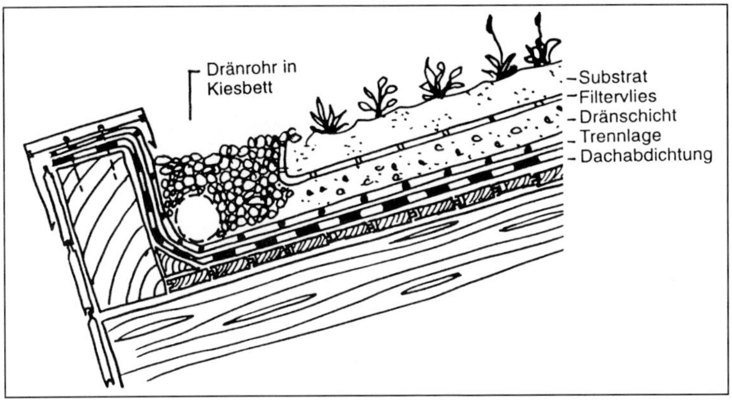

Abb. 49: Entwässerung bei einer Steildachbegrünung über Kiesstreifen und Dränrohr im Traufbereich

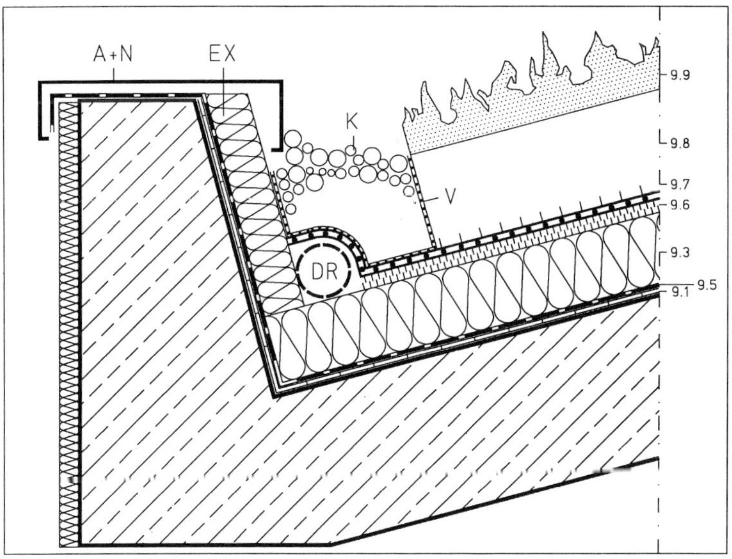

Abb. 50: Umkehrdach, Beton

9.1 Trenn-Schutz- und Ausgleichsschicht (nur bei PVC erf.)
9.2 Dampfsperre
9.3 Wärmedämmung
9.4 Dampfdruckausgleichsschicht
9.5 wurzelfeste Abdichtung
9.6 Drainageschicht ≥ 90 Vol. %
9.7 Filterschicht/Dichtungsschutz Erdsicherung/Stabilisierung Signalsch.-Spatenschutz
9.8 Pflanzentragschicht

A = Abdeckung
K = Kies 16/32 mm
V = Vlies 300 g/qm
SC = Schutzabdeckung Zink/Alu
DR = Drainrohr
N = Neoprenunterlage
EX = Extrudierter Hartschaum

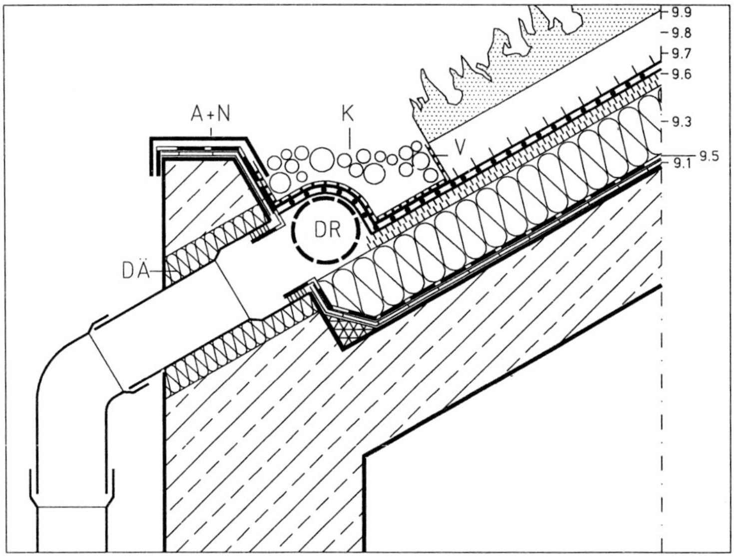

Abb. 51: Traufe beim Steildach, Fallrohrentwässerung

9.1 Trenn-Schutz- und Ausgleichsschicht (nur bei PVC erf.)
9.2 Dampfsperre
9.3 Wärmedämmung
9.4 Dampfdruckausgleichsschicht
9.5 wurzelfeste Abdichtung
9.6 Drainageschicht ≥ 90 Vol. %
9.7 Filterschicht/Dichtungsschutz
Erdsicherung/Stabilisierung
Signalsch.-Spatenschutz
9.8 Pflanzentragschicht

A = Abdeckung
K = Kies 16/32 mm
V = Vlies 300 g/qm
N = Neoprenunterlage
D = Dämmung

GR = Gullirost
GA = Gulliaufstockelement
GD = Gulli gedämmt
DR = Drainrohr

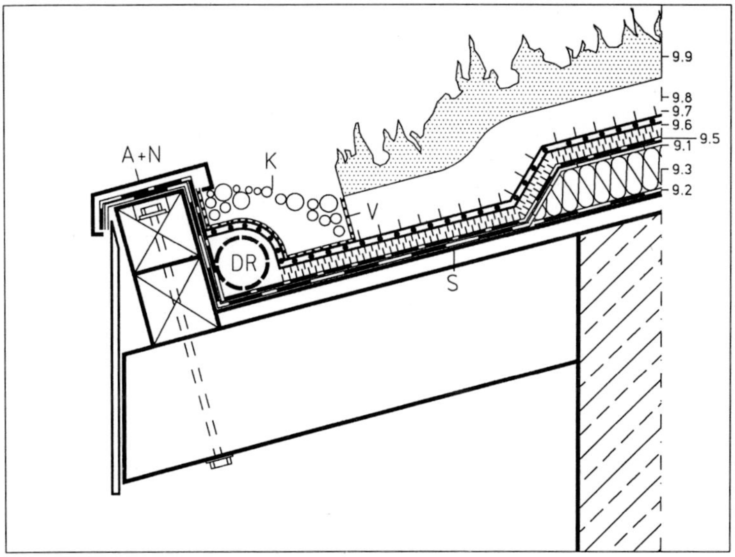

Abb. 52: Warmdach, Holz mit senkrechter Blende

9.1 Trenn-Schutz- und Ausgleichsschicht (nur bei PVC erf.)
9.2 Dampfsperre
9.3 Wärmedämmung
9.4 Dampfdruckausgleichsschicht
9.5 wurzelfeste Abdichtung
9.6 Drainageschicht ≥ 90 Vol. %
9.7 Filterschicht/Dichtungsschutz
Erdsicherung/Stabilisierung
Signalsch.-Spatenschutz
9.8 Pflanzentragschicht

A = Abdeckung
K = Kies 16/32 mm
V = Vlies 300 g/qm
SC = Schutzabdeckung Zink/Alu

DR = Drainrohr
N = Neoprenunterlage
EX = Extrudierter Hartschaum

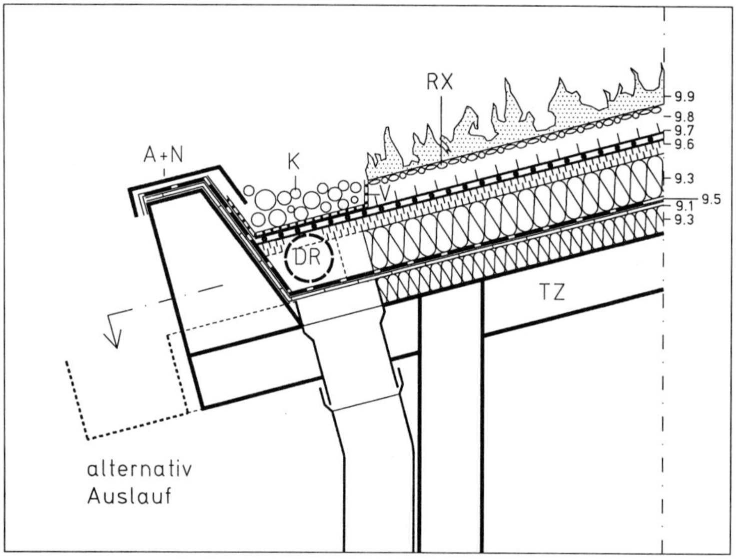

Abb. 53: Traufenanschluß, Sanierung

9.1 Trenn-Schutz- und Ausgleichsschicht (nur bei PVC erf.)
9.2 Dampfsperre
9.3 Wärmedämmung
9.4 Dampfdruckausgleichsschicht
9.5 wurzelfeste Abdichtung
9.6 Drainageschicht ≥ 90 Vol. %
9.7 Filterschicht/Dichtungsschutz
Erdsicherung/Stabilisierung
Signalsch.-Spatenschutz
9.8 Pflanzentragschicht

A = Abdeckung
K = Kies 16/32 mm
V = Vlies 300 g/qm
DR = Drainrohr
RX = Reflexionsschicht
TZ = Trapezblech
N = Neoprenunterlage

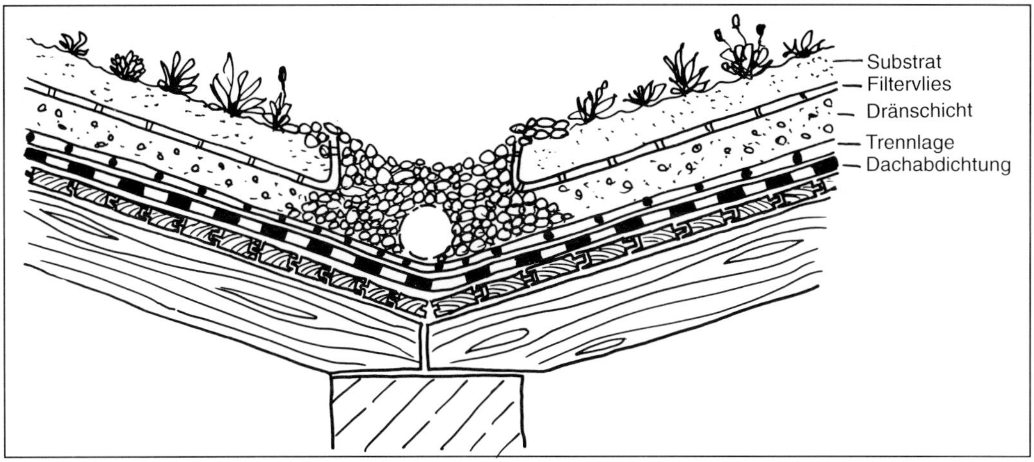

Abb. 54: Kehldachentwässerung bei einer Steildachbegrünung über Kiesstreifen und Dränrohr

Abb. 55: Randabschluß

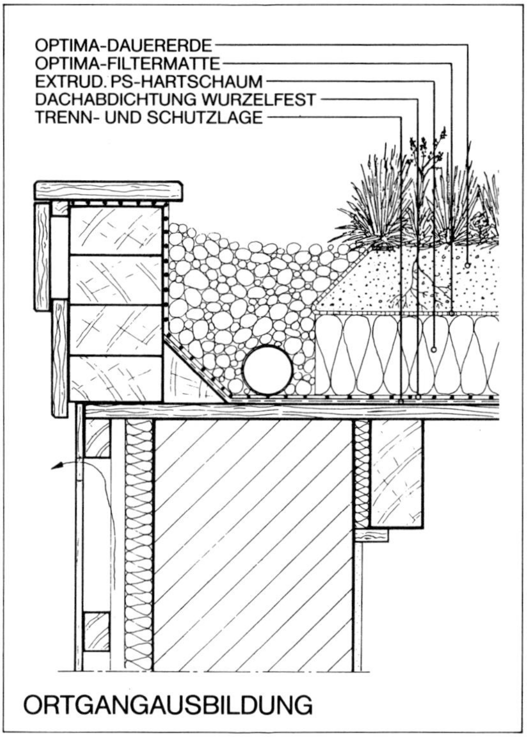

Abb. 56: Ortgangausbildung

Abb. 57: Schubsicherung

Abb. 58: Führung eines Dunstrohres durch den Gründachaufbau; seitliche Schubkräfte auf das Rohr sind konstruktiv zu vermeiden, die Zahl der Dachdurchbrüche ist zu minimieren, z. B. durch Zusammenfassung; ggf. Schubsicherungen vorsehen

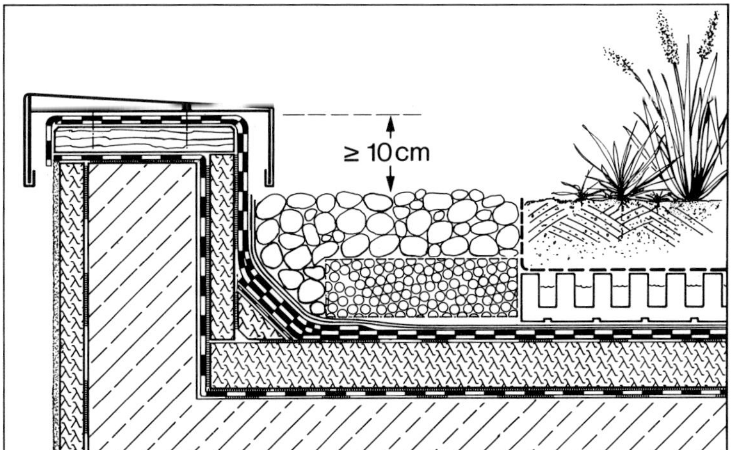

Abb. 59: Randabschluß bei Begrünungstyp „einfach intensiv“ mit Kiesstreifen gegen Auffrieren und Brandüberschlag; bei großen Aufbauhöhen kann er aus statischen Gründen im unteren Teil durch Dränplatten ersetzt werden; Schutz der hochgeführten Bahnen gegen UV-Bestrahlung

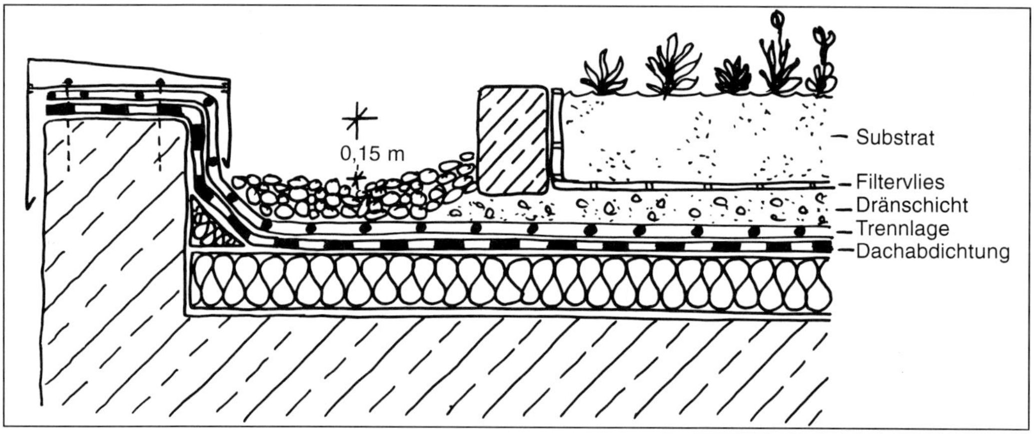

Abb. 60: Ausbildung eines Randabschlusses mit Kiesstreifen und Aufkantung der Vegetationsfläche

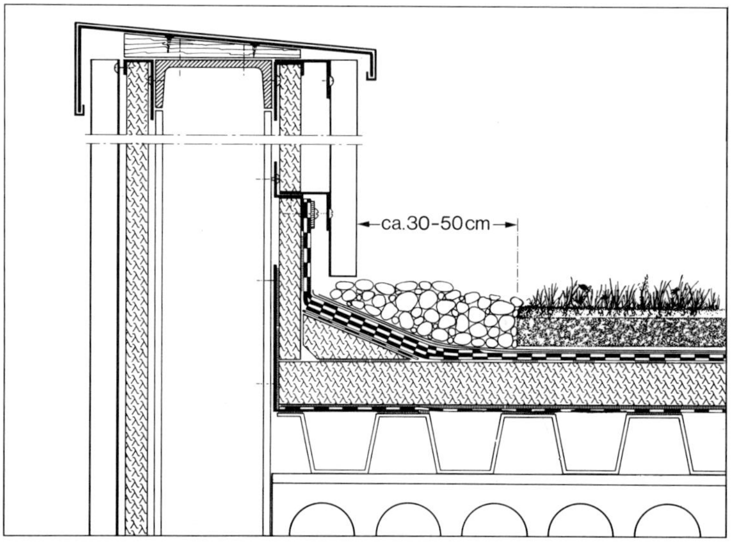

Abb. 61: Randabschluß mit 0,3–0,5m breitem Kiesstreifen bei Extensivbegrünung, Aufbau wie in Abb. 60 dargestellt

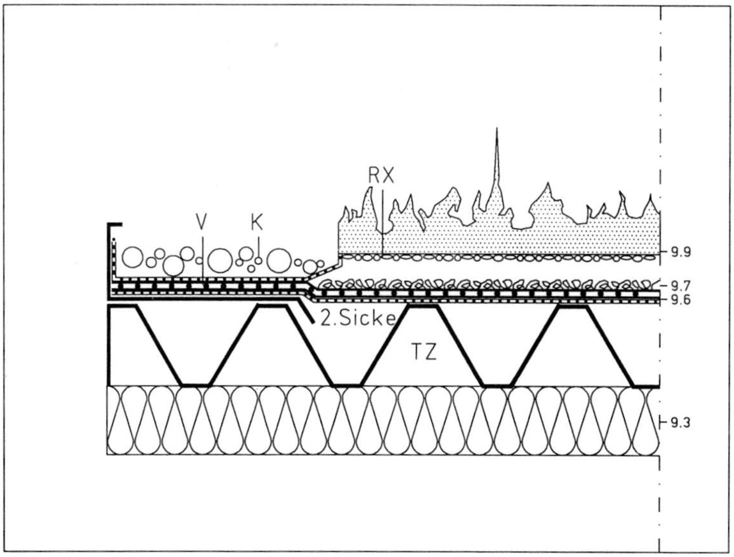

Abb. 62: Ortgang, Trapezblech als Dachschale

9.1 Trenn-Schutz- und Ausgleichsschicht (nur bei PVC erf.)
9.2 Dampfsperre
9.3 Warmedammung
9.4 Dampfdruckausgleichsschicht
9.5 wurzelfeste Abdichtung
9.6 Drainageschicht ≥ 90 Vol. %
9.7 Filterschicht/Dichtungsschutz
Erdsicherung/Stabilisierung
Signalsch.-Spatenschutz
9.8 Pflanzentragschicht

A = Abdeckung
K = Kies 16/32 mm
V = Vlies 300 g/qm
DR = Drainrohr
RX = Reflexionsschicht
TZ = Trapezblech
N = Neoprenunterlage

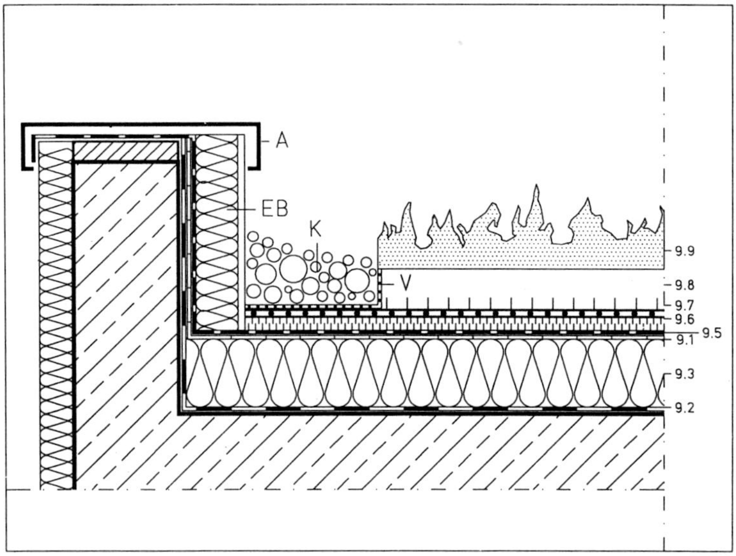

Abb. 63: Warmdach-Attika mit Dichtungsschutz

9.1 Trenn-Schutz- und Ausgleichsschicht (nur bei PVC erf.)
9.2 Dampfsperre
9.3 Wärmedämmung
9.4 Dampfdruckausgleichsschicht
9.5 wurzelfeste Abdichtung
9.6 Drainageschicht ≥ 90 Vol. %
9.7 Filterschicht/Dichtungsschutz
Erdsicherung/Stabilisierung
Signalsch.-Spatenschutz
9.8 Pflanzentragschicht

A = Abdeckung
K = Kies 16/32 mm
V = Vlies 300 g/qm

D = Dämmung
SC = Schutzabdeckung Zink/Alu
EB = Extrudierter Hartschaum m. Mörtelbeschichtung

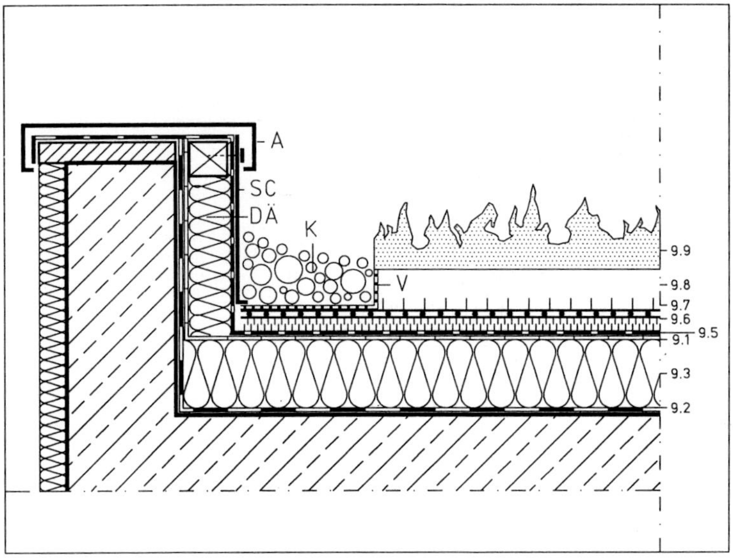

Abb. 64: Warmdach-Attika mit Schutzdach

9.1 Trenn-Schutz- und Ausgleichsschicht (nur bei PVC erf.)
9.2 Dampfsperre
9.3 Wärmedämmung
9.4 Dampfdruckausgleichsschicht
9.5 wurzelfeste Abdichtung
9.6 Drainageschicht ≥ 90 Vol. %
9.7 Filterschicht/Dichtungsschutz
Erdsicherung/Stabilisierung
Signalsch.-Spatenschutz
9.8 Pflanzentragschicht

A = Abdeckung
K = Kies 16/32 mm
V = Vlies 300 g/qm

D = Dämmung
SC = Schutzabdeckung Zink/Alu
EB = Extrudierter Hartschaum m. Mörtelbeschichtung

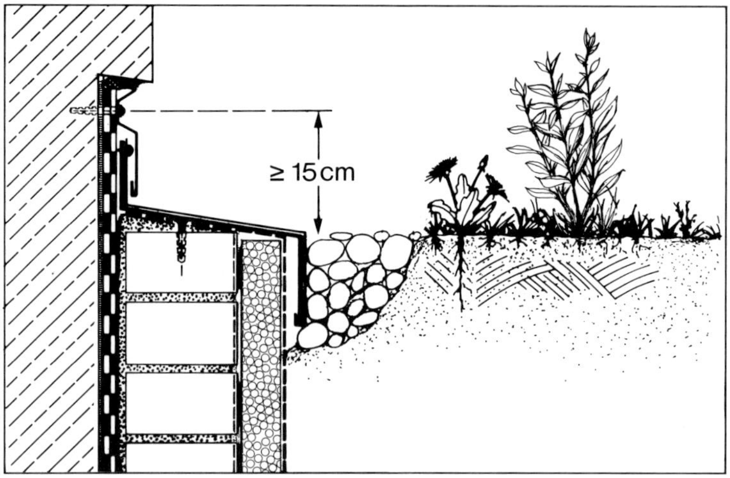

Abb. 65: Anschluß an aufgehende Wand; vertikaler Schutz der Wandfläche

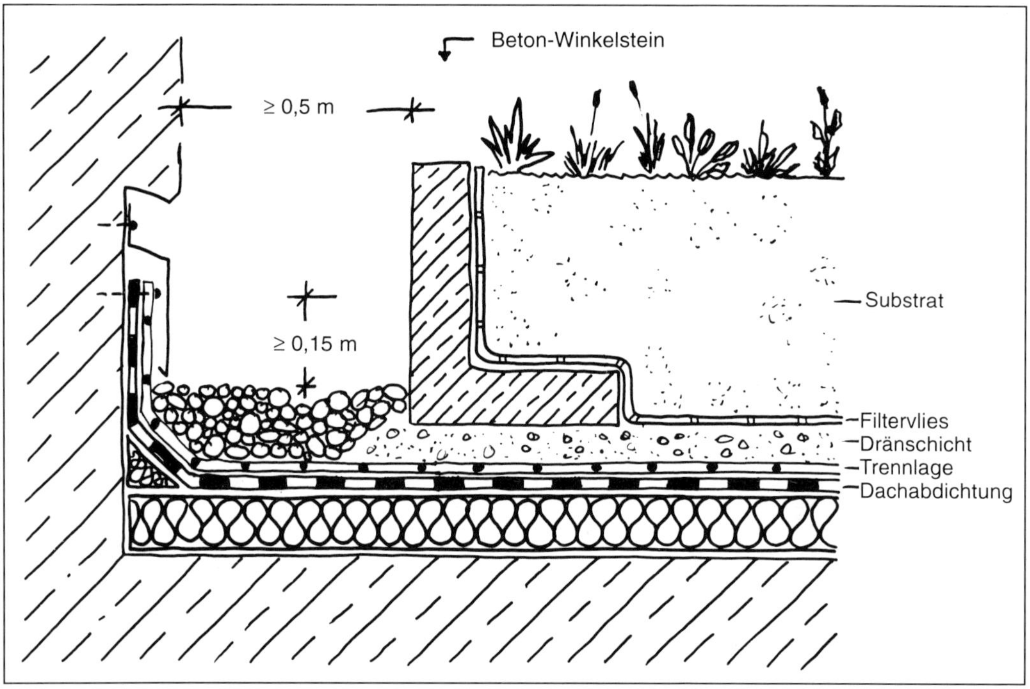

Abb. 66: Ausbildung eines Wandanschlusses bei hohem Bodenaufbau und Einhalten der Mindesthöhe von 15 cm für das Hochziehen von Dachabdichtung/Durchwurzelungsschutz

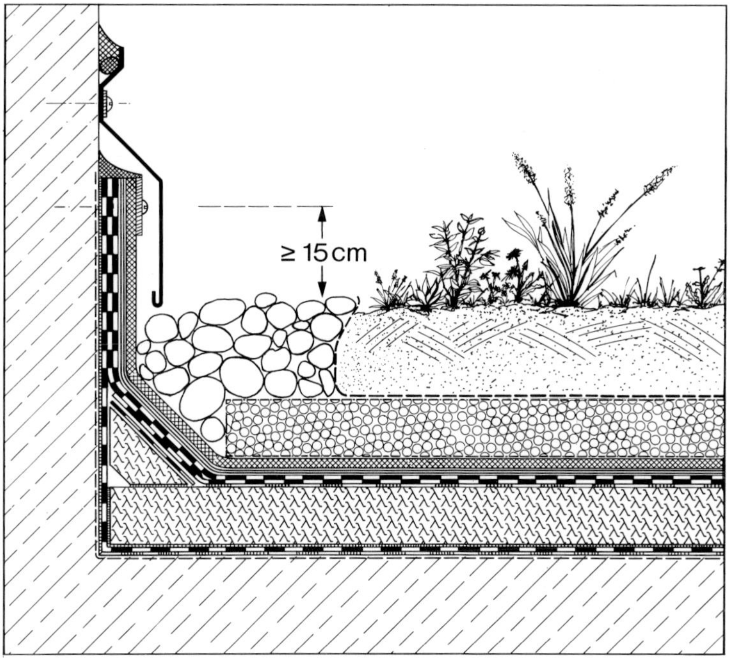

Abb. 67: Anschluß an aufgehende Wand; vertikaler Schutz der Wandfläche

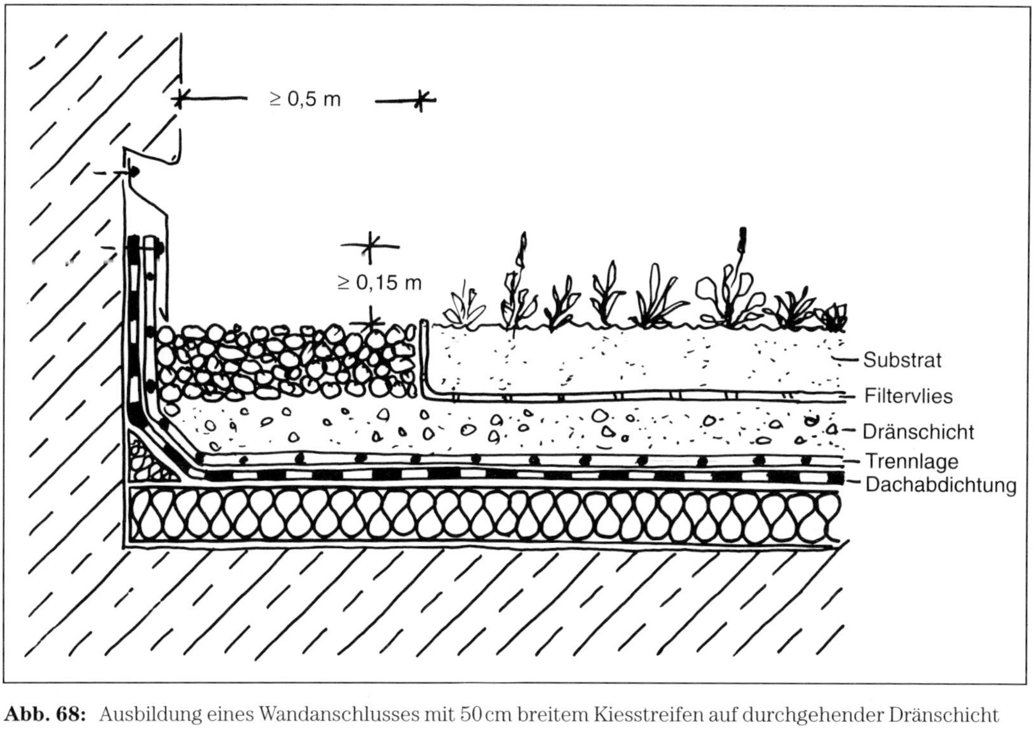

Abb. 68: Ausbildung eines Wandanschlusses mit 50 cm breitem Kiesstreifen auf durchgehender Dränschicht

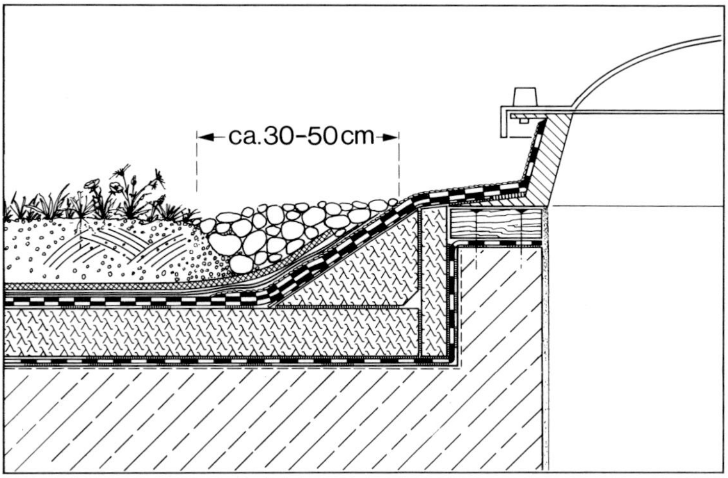

Abb. 69: Einbindung von Lichtkuppeln; der Aufsatz ist aus der wasserführenden Schicht herauszuheben

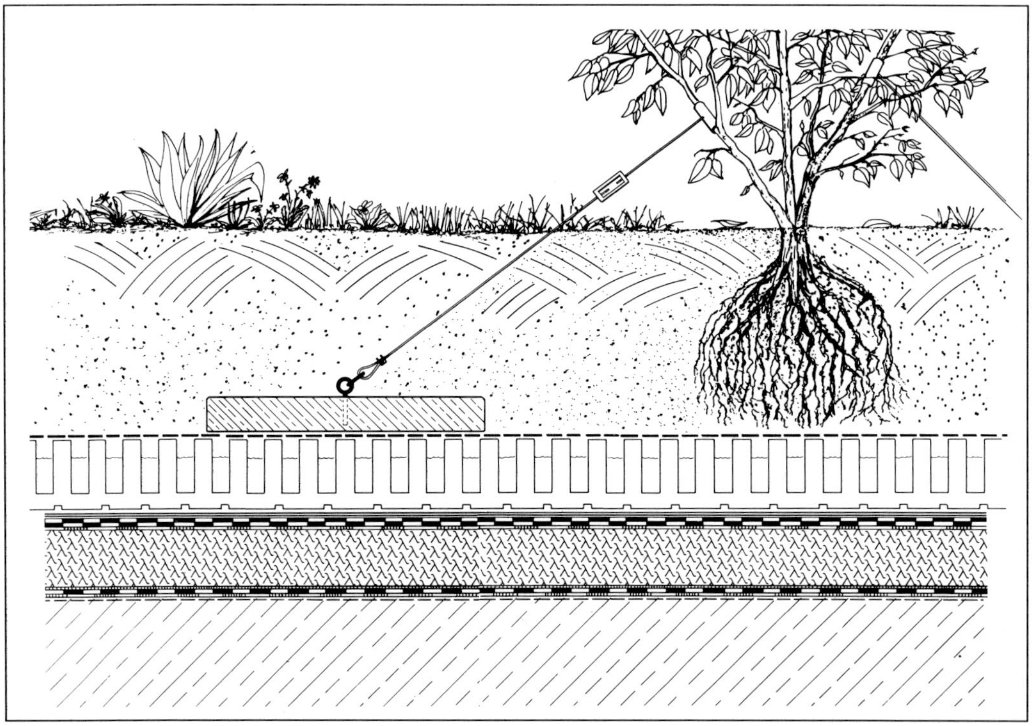

Abb. 70: Gehölzverankerung; Pfähle oder Pflöcke können die Abdichtung beschädigen, daher sind Platten zu wählen, die von der Dichtungsebene durch schützende Zwischenschichten getrennt sind

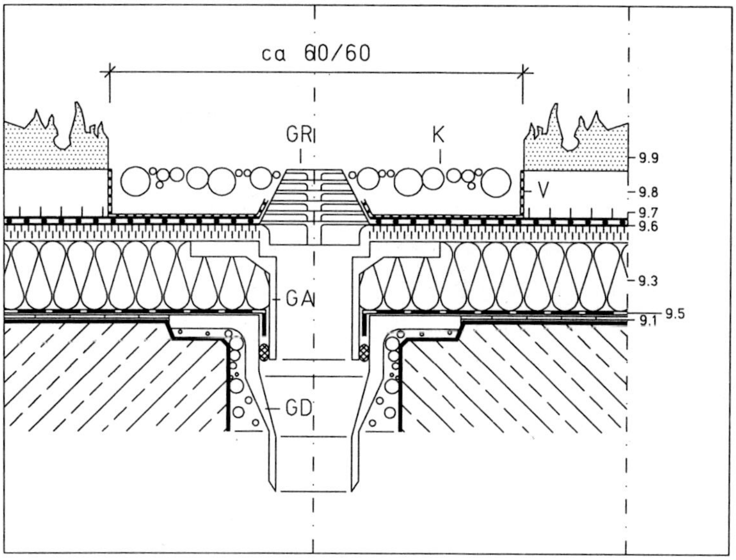

Abb. 71: Gulli im Umkehrdach, Niedrigaufbau

9.1 Trenn-Schutz- und Ausgleichsschicht (nur bei PVC erf.)
9.2 Dampfsperre
9.3 Wärmedämmung
9.4 Dampfdruckausgleichsschicht
9.5 wurzelfeste Abdichtung
9.6 Drainageschicht ≥ 90 Vol. %
9.7 Filterschicht/Dichtungsschutz
Erdsicherung/Stabilisierung
Signalsch.-Spatenschutz
9.8 Pflanzentragschicht

A = Abdeckung
K = Kies 16/32 mm
V = Vlies 300 g/qm
N = Neoprenunterlage
D = Dämmung

GR = Gullirost
GA = Gulliaufstockelement
GD = Gulli gedämmt
DR = Drainrohr

Abbildungsverzeichnis

Die folgenden Abbildungen wurden mit freundlicher Genehmigung der genannten Firmen abgedruckt.

Abb. 46, 47, 57, 59, 61, 65, 67, 69, 70	Paul Bauder GmbH & Co. Korntaler Landstr. 63 70499 Stuttgart
Abb. 50, 51, 52, 53, 62, 63, 64, 71	Drefahl, J., Morusstr. 20 12053 Berlin und Blumenhügel Systeme GmbH Siemensstr. 1 63755 Alzenau
Abb. 31	Grünes Dach Metallstr. 2 41751 Viersen
Abb. 9, 21, 34, 38, 48, 55, 56, 58	Optima Zentrale Nord, aktual-Bauteile Lindenweg 90 25436 Tornesch
Abb. 27	Plantener Ausstattungssysteme GmbH Am Tonwerk 1 82275 Emmering
Abb. 41 oben	Sarnafil GmbH Kapellenstr. 7 85622 Feldkirchen
Abb. 4, 7, 8, 13, 15, 16, 22, 23, 24, 28, 39	ZinCo Flachdach-Zubehör GmbH Postfach 2069 72610 Nürtingen z. T. weitere Hrsg.: optima und Fränkische Rohrwerke, Königsberg (Kienle, 1977)
Abb. 2	aus: Deutscher Dachgärtnerverband, 1990
Abb. 49, 54, 60, 66, 68	nach Liesecke, 1989

Fußnoten

[0] Im Sinne des Naturschutzrechtes kann Dachbegrünung eine Ausgleichsmaßnahme, oder aber eine Ersatzmaßnahme sein. Die gebotene Kürze erlaubt diese Differenzierung nicht im Buchtitel. Sie wird in den Kapiteln 6.2 und 6.3 erläutert.

[1] Aus der Zeit um 900 v. Chr. stammen Berichte von Dachterrassen im vorderen Orient; nach Stifter 1988.

[2] z.B. Le Corbusier: Haus seiner Mutter; Kloster La Tourette; Frank Lloyd Wright: Hartford Country Club.

[3] siehe Dechau 1985

[4] siehe FLL 1990, S. 10; Werk 1987, S. 70

[5] Ernst 1991, S. 10.9.

[6] z.B. Bauder Wasserspeicherplatte für Dachneigungen bis 25°.

[7] Da das Erfordernis von Schubsicherungen vom Substratmaterial abhängt, empfehlen einzelne Firmen sie ab 15° (z.B. Bauder), ab 20° (ZinCO) oder erst ab 25° (reNatur).

[8] lt. Herstellerangaben.

[9] Hoffmann 1983, S. 68.

[10] Stifter 1988, S. 166.

[11] z.B. xeroflor, Parvita.

[12] Latz 1987, S. 76.
Auch über der obersten Schicht können die Temperaturunterschiede zwischen Kies- und Gründach gering sein: Vergleichsmessungen an bekiesten und begrünten Dächern in Berlin, Woltmannweg, ergaben lediglich 3 K Temperaturdifferenzen zwischen beiden Varianten (lt. BINE Projekt-Info-Service Nr. 11/89, Hrsg. Fachinformationszentrum Karlsruhe, Gesellschaft für wissenschaftl.-techn. Information mbH. Eggenstein-Leopoldshafen). Die Differenz hängt von der Größe der Dachfläche, der Art der Begrünung, Windgeschwindigkeiten, Feuchtigkeitsgehalt des Substrats, Verdunstungsrate etc. ab und kann stark variieren. Abb. 7 zeigt Extremwerte.

[13] Stifter 1988, S. 16.

[14] Krusche 1982, S. 99.

[15] ZinCo-Floratherm-Elemente TH 65 WD, TH 100 WD und TH 140 WD; im folgenden näher beschrieben und weitere Systeme nach Klindt, DAB 9/91, S. 7.1.

[16] Krolkiewicz 1986, S. 68.

[17] Minke 1983 S. 34: 20 cm Substrat plus 20–40 cm Gras entsprechen 15 cm Mineralwolle; 15 cm Mineralwolle, $k = 0{,}25\,W/m^2K$, zu erreichen mit $1 : k = 0{,}13 + 0{,}2 : 0{,}1 + 0{,}3 : 0{,}17 + 0{,}04 = 3{,}93$; d.h. Gras mit $\lambda = 0{,}17$ und Klindt 1991, 7.1. S. 1388

[18] Überschlägige Berechnung, stationäre Verhältnisse zur Vereinfachung vorausgesetzt.

[19] Grundlage: eigene Berechnungen.

[20] UNESCO (1987), S. 9

[21] Zugrunde gelegt wurden: 18cm Substratstärke Liapor, überwiegend 4/8mm (z.T. 2/4mm), λ = 0,1 W/mK bis 0,12 W/mK, lt. Herstellerangaben im trockenen Zustand; 2cm Erde, λ = 1,4 W/mK im naturfeuchten Zustand.

[22] Bookhoff/Rentrop 1985, S. 24.

[23] Firma Hoechst, lt. Minke 1983, Seite 34.

[24] DIN 4108 Teil 2 Tabelle 2 wäre anzuwenden: es handelt sich um ein Dach mit einer flächenbezogenen Masse unter 300 kg/m²; da die Substratschicht insgesamt einen λ-Wert über 0,1 W/mK hat, ist das Gewicht des Gesamtbauteils heranzuziehen; Holzwerkstoffe dürfen mit dem zweifachem Wert der Masse gerechnet werden:

Erde,	1800 kg/m³ x 0,02 m = 36 kg/m²
Schüttstoff,	350 kg/m³ x 0,18 m = 63 kg/m²
Spanplatte,	700 kg/m³, zu verdoppeln:
	1400 kg/m³ x 0,03 m = 42 kg/m²

Sparren- und Schubschwellen, ca. 20 kg/m², zu verdoppeln: 40 kg/m²;
Summe anzusetzen 180 kg/m²
interpolierter k-Wert, lt. Tabelle 1,26 W/m²K

[25] Wegen des komplizierten Gefüges ökologischer Zusammenhänge sind Quantifizierungen äußerst schwierig. Ergebnisse können nur als Tendenz mit erheblicher Bandbreite angesehen werden. Es geht daher nur um ungefähre Größenordnungen. Vorgegangen wird rechnerisch – eine Gegenkontrolle durch Messungen im Experiment wäre wünschenswert. Soweit sie für Einzelaspekte erfolgt sind, bestätigen sie die Größenordnungen dieser Berechnungen (s. Liesecke 1989 mit Hinweis auf Kolb, 1987). S. Kap. 3.2.4

[26] Die mittleren Monatstemperaturen für Braunschweig betragen in der Heizperiode:

	Jan.	Febr.	März	April	Mai	Okt.	Nov.	Dez.	
a) Temperatur	0,2	1,1	4,0	7,9	13,2	2,9	4,2	1,6	
b) Anzahl Tage	31	28	31	30	15	31	30	31	Quersumme 227
c) a x b	6,2	30,8	124	237	198	89,9	126	49,9	Quersumme 761,5

Quersumme a: Quersumme b = 761,5 : 227 = 3,35° C = mittlere Temperatur der Heizperiode.
Nach Schild et. al. Bauphysik, Vieweg Verlag, Braunschweig 1979, S. 105.

[27] siehe Berechnung der Durchschnittstemperaturen.

[28] Lüftungswärmebedarf, Raumkennzahlen, Krischer-Wert, Höhenkorrekturfaktoren etc. werden zur Vereinfachung nicht betrachtet, Wind wird nicht berücksichtigt.

[29] Krusche 1982, S. 139.

[30] Umgerechnet nach Minke 1983, S. 10.

[31] Krusche 1982; S. 98. Der Wert gilt für ein unbewässertes Gründach.

[32] Reduzierter Wert nach Minke 1983, S. 10, dort 225 m² als Maximalwert angegeben, 100 m² bei Abschlägen für welke Gräser etc. und Sicherheit.

[33] Krusche 1982, S. 99.

[34] Minke 1983, S. 10; für aufwendige Intensivbegrünungen wird keine höhere Blattoberfläche als für eine einfache Intensivbegrünungen angesetzt, da letztere mit bis zu 225 m² Blattoberfläche pro Quadratmeter Dach (bzw. 100 m² Blattoberfläche pro Quadratmeter Dach im Jahresdurchschnitt) einen Optimalwert darstellt, selbst Bäume hingegen oft nur 10m² Blattoberfläche pro Quadratmeter Grundfläche haben. Es wird daher davon ausgegangen, daß mit Stauden, Hochstauden und gar Bäumen an der Stelle von Gras keine Steigerung der Blattoberfläche mehr möglich ist.

[35] Minke 1983, S. 10.

[36] Minke 1983, S. 10.

[37] Werk 1987, S. 70.

[38] Minke 1983, S. 10.

[39] Lt. Herstellerangabe ZinCo.

[40] Liesecke 1989, Tabelle 9.

[41] Heise 1983, S. 20.

[42] Liesecke 1989, S. 17; Verweis auf Kolb, 1987

[43] Ministerium für den ländlichen Raum … S. 129.

[44] Liesecke 1989, S. 17.

[45] UNESCO 1987, S. 14; wird durch Aussaat begrünt, ist die Vegetation erst nach 2–3 Jahren vollflächig und ausgewachsen – erst dann erreicht sie die volle Wirkung für die Verringerung der Kanäle. In diesem Fall kann zunächst nur die Speicherwirkung des Substrats, nicht jedoch die Verdunstungswirkung des Grüns berücksichtigt werden.
Bei Rollrasen oder vorbegrünten Matten entfällt diese Einschränkung.

[46] Wo Rasenmähen auf dem Dach notwendig war – etwa bei der Siedlung Laher Wiesen in Hannover – war das Substrat zu fett „eingestellt". Durch Mahd und Entfernen des Schnittguts können diese Dächer aber abgemagert werden.

[47] Sie sind nur erforderlich, wenn wegen besonderer Bedingungen einzelne Pflanzen oder Teilflächen abgestorben sind; normalerweise wachsen solche Flächen aber von den Rändern her wieder zu.

[48] Materialliste in: Ernst 1991, S. 46.

[49] Krolkiewicz 1986, S. 58.

[50] Krolkiewicz 1987, S. 73.

[51] siehe Liesecke 1989, S. 51.

[52] ebenda

[53] ZinCo-Floratherm, lt. Herstellerangaben.

[54] Technoflor-Substratnoppenplatte, lt. Herstellerangaben.

[55] Preise ohne Fracht (da standortabhängig) ab Werk, inkl. MWSt.; bei Bezug über Zwischenhandel kommen die von Fall zu Fall variierenden Gewinnspannen hinzu, desgleichen bei Dachdeckern oder Dachgärtnern.

[56] bei Einsaat, mit fertigbegrünten Matten ab 80,– DM/m^2

[57] Stifter 1988, S. 187; zusätzlich eigene Recherche.

[58] z. B. ZinCo und xeroflor, technoflor

[59] eigene Recherche, Bsp. Fa. Börner.

[60] Stadtwerke Braunschweig 1990, S. 2.

[61] Werk 1987, S. 68.

[62] Heise 1983, S. 19.

[63] ebenda.

[64] Einlagige Gründachabdichtungen bieten z. B. an:

- Blumenhügel
- „Grünes Dach, Viersen"
- nora, Karl Freudenberg
- optima
- reNatur
- sarnafil
- technoflor
- ZinCO

[65] ca. 50 Städte in Deutschland mit mehr als 50 000 Ew. fördern Dachbegrünungen mit Förderprogrammen u./o. langfristigen Maßnahmen (Öko-Test-Magazin, nach Dach + Grün 2/94, S. 14).

[66] Stuttgart, Landeshauptstadt, Gartenbauamt, 1989, S. 2 f.

[67] Stuttgart, Landeshauptstadt, Amtsblatt 1990, S. 255.

[68] Kern, A. 1989, S. 20.

[69] ebenda

[70] Preise wiederum ohne standortabhängige Anteile (Fracht etc., s. Fußn. 55) und ohne Randelemente.

[71] Minke 1983, S. 36.

[72] Werk 1987, S. 77.

[73] FLL 1984.

[74] 1. Blumenhügel bietet Gewährleistung für den Dachgesamtaufbau.
2. ZinCo übernimmt bei fachgerechter Verlegung eine 10jährige Garantie auf die Funktion ihres Wurzelschutzes.

3. „Grünes Dach GmbH, Viersen“ als Anbieter der kompletten Leistung „aus einer Hand“ bietet 10 Jahre Gewährleistung.

[75] Tabelle Liesecke 1989, S. 85, mit weiterem Literaturhinweis auf Götze, 1986

[76] Götze, H. 1985, nach Liesecke 1989, S. 84.

[77] ebenda.

[78] Saram 1983, S. 54.

[79] Kern, 1989, dort irrtümlich als § 10.1 BauGB zitiert.

[80] Brügelmann 1992, Rd. 204.

[81] ebenda, Rd. 207.

[82] ebenda, Rd. 414, 418 und S. 8.

[83] Vergleiche OVG NRW-Urteil vom 05. 12. 1990 – 10 a NE 73/90 in BauR 4/91, S. 431.

[84] Brügelmann, Rd. 419.

[85] ebenda, Rd. 420.

[86] FIRU 1990, S. 31 und 67.

[87] ebenda, S. 77.

[88] Gesetz zur Erleichterung von Investitionen und der Ausweisung und Bereitstellung von Wohnbauland vom 22. 4. 1993, BGBl I, 1993, S. 466 ff.

[89] Artikel 5 des o. g. Gesetzes.

[90] § 8 Bundesnaturschutzgesetz (BNatSchG) und entsprechende Paragraphen der Landesgesetze (z. B. § 7 ff. Niedersächs. Naturschutzgesetz).

[91] Stand der Rechtsprechung seit BVerwGE 34,301 (309).

[92] Im Berechnungsverfahren des „Osnabrücker Modells“ werden seit ’93 Maßnahmen auf externen Flächen durch einen speziellen Rechenschritt höher bewertet.

[93] Große-Suchsdorf 1986, S. 421, Rd. 15.

[94] ebenda, S. 422, Rd. 17.

[95] siehe „Mannheimer Begrünungssatzung“, nach Kern 1989.

[96] Bauverwaltungsamt Mannheim (fernmündliche Auskunft). Die Zielsetzung ist begrüßenswert, pauschale, einfache Bebauungspläne für das ganze Stadtgebiet sind aber i. S. der Anforderungen an Bebauungspläne nicht hinreichend „konkret-individuell“. Der Weg über eine Richtlinie (s. Kap. 7.7) und die Aufnahme von Begrünungsfestsetzungen in die Bebauungspläne ist vorzuziehen.

[97] Liesecke 1989, S. 200.

[98] u. a. Krolkiewicz 1987, S. 68.

[99] ZinCo 1990, S. 24.

[100] Liesecke 1989, S. 201, mit weiterem Verweis auf Hell, 1988.

[101] FLL 1990, S. 41.

[102] Fernmündliche Auskunft von der Feuerwehr Braunschweig und vom Bauordnungsamt Braunschweig.

[103] Anhang zur NBauO, genehmigungsfreie bauliche Anlagen und Teile baulicher Anlagen, Ziffer 13.5.

[104] Korff/Warnecke, 1990, S. 54

[105] OLG Düsseldorf, Urt. v. 25. 10. 1989 – 9 U 51/89 in NJW RR 1990, 144.

[106] Hoof/Djuren, 1990, S. 93.

[107] Korff/Warnecke, 1990, S. 45.

[108] Pahlandt, 1992, S. 1088, § 906.

[109] LG Karlsruhe, Urt. v. 09. 12. 1983 – 9 S 248/83; MDR 5/84, S. 401.

[110] OLG Stuttgart, Urt. v. 28. 10. 1987 – 9 U 161/87, NJW RR 1988, S. 204.

[111] OLG Frankfurt, Urt. v. 14. 07. 1987 – 14 U 124/86.

[112] OLG Stuttgart, Urt. v. 28. 10. 1987 – 9 U 161/87, NJW RR 1988, S. 204.

[113] OLG Frankfurt, Urteil vom 14. 07. 1987 – 14 U 124/86.

[114] OLG Frankfurt, Urteil vom 14. 07. 1987 – 14 U 124/86. LG Karlsruhe, Urt. v. 09. 12. 1983 – 9 S 248/83; MDR 5/84, S. 401.

[115] AG Frankfurt, Urt. v. 28.07.1989, 32 C 27/23/88-19, NJW RR 1990, 146.

[116] OLG Düsseldorf, Urt. v. 25.10.1989 – 9 U 51/89 in NJW RR 1990, 144.

[117] Klindt, 1991, 7.1, S. 1385 ff.

[118] Baumeister 8/86, S. 104, Herstellerangabe

[119] z. T. umstritten

[120] realistischerweise werden geringere Substrathöhen als in den Beispielen der ersten Kapitel angesetzt, da für eine Garage sicherlich etwas weniger Aufwand betrieben wird als z. B. für das Wohnhaus; dadurch sind einzelne (Leistungs-)daten niedriger als vorn (Blattoberfläche, Wasserkapazität u. a.)

[121] s. Fußn. 55

[122] FIRU GmbH 1990, S. 32, Hervorhebungen durch den Autor

[123] Boyer, S. 93.

[124] ebenda.

[125] Liesecke 1989, S. 13.

[126] Originaltext der Richtlinie, redaktionell angepaßt, Hervorhebungen und Marginalien hinzugefügt; wie in 7.7.2 erwähnt ist die Richtlinie ein Instrument der Entscheidungsvorbereitung. Inzwischen ist die Landeshauptstadt Hannover noch einen Schritt weiter gegangen und hat eine Leitlinie zur Dachbegrünung erarbeitet, die seit Juli '94 für Bebauungspläne unmittelbar gilt. Sie bezieht sich auf Gewerbe-, Industrie- u. Sondergebiete sowie einsehbare Blockinnenhöfe. Alle Dächer mit Neigungen von 0% bis 20% sind zu begrünen. Ausgenommen sind Oberlichter u. Flächen für technische Anlagen. Bei stützenlosen, weitgespannten Hallendächern ist i. d. R. ein Viertel der Fläche zu begrünen. Nach Einzelfallprüfungen werden auch Garagenanlagen u. Flachdächer in Kerngebieten außerhalb der Innenstadt einbezogen. (Hannoversche Allgemeine, 11.7.94).

[127] Originaltext der Richtlinie, Preisstand '92, s. auch Fußn. 55

[128] s. Kap. 7.8.2

[129] s. Kap. 7.8

Literaturverzeichnis

Appl, R.: Wärmedämmende Gründächer. In: TAKK-Abdichtungskongreß 1990, Seminarbericht, Seite 12.1 ff.

Bookhoff/Rentrop: Selbstbau: Spaß – Abenteuer – Risiko. In: Deutsche Bauzeitung 7/85, Seite 21 ff.

Boyer, A.: Möglichkeiten der Begrünung von Dächern und Fassaden auf der Ebene von Bebauungs- bzw. Grünordnungsplänen, ohne Quellenangabe

Brügelmann, H. et al.: BauGB-Kommentar, Band 1, Kohlhammer-Kommentare, Stuttgart, Berlin, Köln, 19. Lieferung, Dez. 1992.

Dechau, W.: Gründach. In: Deutsche Bauzeitung 8/85, Seite 56 ff.

Deutscher Dachgärtnerverband e.V. Baden-Baden: Dachgärtnerrichtlinien, Ausgabe 1990, Nörtingen 1990.

Ernst, W.: Auswahlkriterien bei (wurzelfesten) Kunststoff-Dachdichtungen aus praxisorientierter Sicht. In: Der Dachdeckermeister 6/91, Seite 41 ff., und 7/91, Seite 46 ff.

FIRU GmbH: Berücksichtigung stadtökologischer Forderungen in der Bebauungsplanung nach dem BauGB. Kaiserslautern 1990.

FLL Forschungsgesellschaft Landschaftsentwicklung/Landschaftsbau e.V.: Richtlinien für die Planung, Ausführung und Pflege von Dachbegrünungen, Ausgabe 1990. Bonn 1990.

FLL Verfahren zur Untersuchung der Durchwurzelungsfestigkeit von Wurzelschutzbahnen bei Dachbegrünungen, 1984

Große-Suchsdorf, U.: Kommentar zur Niedersächsischen Bauordnung, Curt R. Vincentz-Verlag. Hannover 1986.

Haushofer, B. A.: Flachdachqualität schafft neue Nutzungen. In: TAKK-Abdichtungskongreß 1990, Seminarbericht, Seite 9.1 ff.

Heise, K. D., u.a.,: Das Gründach – 52 grüne Wochen für Berlins graue Häuser. Herausgeber Stiftung Naturschutz Berlin Nr. 1, Eigendruck, Berlin 1983.

Hoch, E.: Ich will mein Flachdach begrünen. In: TAKK-Abdichtungskongreß 1990, Seminarbericht, Seite 6.1 ff.

Hoch, E.: Wurzelgeschützte Abdichtungen für Flachdachbegrünungen. In: TAKK-Abdichtungskongreß 1990, Seminarbericht, Seite 11.1 ff.

Hoof/Djuren: Nachbarrecht in Niedersachsen. 7. Auflage, Stuttgart, München, Hannover 1990.

Hoffmann, O.: Begehbare, befahrbare und begrünte Flachdächer. In: Deutsche Bauzeitung 5/83, Seite 54 ff.

Kern, A.: Dachbegrünung: Zwischen Experiment und Stand der Technik. In: Bausubstanz 5/90, Seite 24 ff.

Kern, A.: Schlechte Zeiten für grüne Dächer? In: Das Gartenamt 38, 1/89, Seite 20.

Kienle, H.: Dachbegrünung – Luxus oder Notwendigkeit? Fränkische Rohrwerke, Königsberg/Bayern u. a. Stuttgart 1977.

Klindt, L.: Begrünte Dächer. In: DAB 9/91, 7.1., S. 1385 ff.

Korff, C., Warnecke, F.-W.: Nachbarrechtsfibel für Niedersachsen, Deutscher Gemeindeverlag. 7. Auflage, Hannover 1990.

Krolkiewicz, H. J.: Dachnatur: Naturdach? In: Deutsche Bauzeitung 5/86, Seite 56 ff.

Krolkiewicz, H. J.: Gründach. In: Deutsche Bauzeitung 10/87, Seite 68 ff.

Krusche et. al.: Ökologisches Bauen. Hrsg. vom Umweltbundesamt. Bauverlag, Wiesbaden, Berlin 1982.

Latz, A. und P.: Grüne Dächer. In: Deutsche Bauzeitung 7/87, Seite 76 ff.

Liesecke, H. J. et al.: Grundlagen der Dachbegrünung. Hrsg. Forschungsgesellschaft Landschaftsentwicklung/Landschaftsbau e.V., Patzer, Berlin, 1989.

Minister für Ernährung, Landwirtschaft, Umwelt und Forsten Baden-Württemberg: Begrünte Dächer. Stuttgart 1984.

Ministerium für den ländlichen Raum, Landwirtschaft und Forsten, Landesamt für Umweltschutz [Hrsg.]: Materialien zur Grünordnungsplanung – Teil 1: Siedlungsökologische und gestalterische Grundlagen. In: Untersuchungen zur Landschaftsplanung, Band 10, Karlsruhe, o. J..

Minke, G.: Die Wiese auf dem Dach. In: Wohnen im eigenen Heim 2/88, Seite 88 ff.

Minke, G.; Witter, G.: Häuser im grünen Pelz. Fricke, Frankfurt am Main 1983.

Muth, W.: Flachdach: Drainung begrünter Flachdächer. In: Das Dachdeckerhandwerk 16/91, Seite 16 ff.

Palandt, O. et al.: Bürgerliches Gesetzbuch, Beck'sche Kurzkommentare, 50. Auflage, C. H. Beck.

Saram, Vera de: Grün auch im Novembernebel, Tagesspiegel vom 13. 11. 1983, S. 54.

Schiedhelm, M.: Dachgärten. In: Deutsche Bauzeitung 8/85, Seite 48 ff.

Schild, E. et al.: Bauphysik, Vieweg Verlag, Braunschweig 1979.

Schubert, R.: Genutzte Dachflächen. In: TAKK-Abdichtungskongreß 1990, Seminarbericht, Seite 10.1 ff.

Stadtwerke Braunschweig [Hrsg.]: Tag und Nacht – Familienzeitschrift der Stadtwerke Braunschweig, Nr. 2/90, Braunschweig 1990.

stern, Journal Bauen und Wohnen: Idylle auf dem Dach, o. J., Seite 179 ff.

Stifter, R.: Dachgärten: Grüne Inseln in der Stadt. Ulmer, Stuttgart 1988.

Stuttgart, Landeshauptstadt, Amtsblatt Sonderdruck: Wohnen in der Stadt, Leben im Grünen. Beilage Amtsblatt 21, 25. 05. 1990.

Stuttgart, Landeshauptstadt, Gartenbauamt: Dachbegrünung – aber wie?, Stuttgart 1989.

UNESCO – Verbindungsstelle für Umwelterziehung, Umweltbundesamt (Hrsg.): Dachbegrünung. Berlin 1987.

Werk, K.: Gründach/Dachgrün. In: Deutsche Bauzeitung 7/87, Seite 68 ff.

Stichwortverzeichnis